変動が作る
岩石たちの関係

藤 内 智 士

はじめに

　この本は、私が大学で開講している学部生を対象にした講義の内容をまとめたものです。「構造地質学」というちょっと難しいタイトルの講義ですが、受講している生徒のほとんどは地質学を学ぶのが中学校の理科の授業以来なので、地質学の初歩的なところからできるだけ丁寧に説明することを心がけています。ですので、大学生だけでなく、地質学ってどんな学問だろうと興味がある方にも、ぜひ読んでいただきたいと思っています。

　私は子どものときから星や地球のことが好きでしたが、熱心というほどではありませんでした。図鑑や地図を眺めて宇宙や大陸の大きさを想像するくらいでした。今でも星の名前はほとんど知りませんし、すぐ旅行に出かけるわけでもありません。子供の頃は、テレビゲームや野球の方がよほど熱中していました。それでも、小学3年生の国語の授業で「大陸は動く」という文章 [1] がとても印象に残ったことを覚えています。

　いつか地学について勉強したいと思っていて、大学では理学部の地球惑星科学科に入学しました。高校のときに物理や化学が好きだったので、大学に入ればそれらを基礎に地球や宇宙の現象をバンバン理解できるものと高を括っていました。ところが講義が始まると、それらの知識と自然現象がうまく結びつかず、特に地質の現象はイメージがまるでできませんでした。さらに得意だと思っていた、数学・物理・化学も内容が飛躍的に難しくなって、その結果、私は授業を休みがちになり、代わりに学生寮の活動と部活動に没頭していったのでした。研究室に入ってからは、先生方、先輩方、同輩たちのおかげで地質学を面白く感じるようになったのですが、今でも、学業に手を抜いていたことを痛感する場面がよくあります（でも、学生寮も部活動も楽しくて得難い経験ができました）。

　そういったわけで、これは大学の研究室に入るまで全くの素人だった地質学者が、地質学に初めて触れる読者を想定して書いた本、とも言えます。上記の経験が、この本に活きていることを願っています。また、これを読んだ一人でも多くの読者が地質学を面白いと感じてくれれば幸いです。

文献
　[1] 大竹政和、2002 年、大陸は動く、光村ライブラリー 16　田中正造ほか、光村図書出版、5–13p。

もくじ

1. 大陸は動いてきた

　地質学の面白さは地球の変動に迫っていけるところだと、私は考えています。

　私が地質学に興味を持ったきっかけは**パンゲア**（Pangea）です。パンゲアとは、今から約2億5000万年前に地球上の大陸の大部分が1つに集合してできていた**超大陸**（supercontinent）の名前で、1910–1922年頃にドイツの気象・天文学者の**アルフレッド・ウェゲナー**（Alfred Wegener、1880–1930）によって提案されました（例えば [1、2、3]）。

　パンゲアは約2億年前から複数の大陸に分裂を始めて、それぞれが移動して現在の世界地図に見られる配置ができました。大陸の移動は今後も続いて、将来は再び集まって新しい超大陸ができると言われています（例えば [4]）。

　こういった過去や未来の大陸移動について、具体的な位置や年代まで含めて語ることができるのはなぜでしょうか。それには、地質学のさまざまな情報と考え方を駆使しています。この章ではその中でも特に重要な、地質図、岩石の年代、プレートテクトニクスの3つを取り上げて紹介します。

パンゲアを型どった車庫

1）地質図は地質体の空間的な広がりを示す

　地質図（geological map）は地図の一種で、「各種の地質体を、年代、種類、岩相（岩石の見た目）などによって分類し、それらの表土下の分布を表した図」のことです。地質体の空間的な広がりを把握するのに役立ちます。

　右の頁には、具体例として鹿児島県の甑島列島北部の地質図を示しています。この図のように、地質図はカラフルに色付けして示すのが一般的です。地質体をいくつかの基準にもとづいて分類して、それらを塗り分けているのです。同じ色が塗られている場所には、同じ地質体と判断したものが**表土**（surface soil）の下に分布していることを意味します。地質図を見ると、例えば四国では同じ種類の地質体がおおよそ東西方向に帯状で連なっているといった、その土地の地質の分布がわかります。

　ここで、地質図を見るときの注意点を2つあげます。まず、地質図はそれぞれに地質体を分類する基準が異なります。そのため、地質図には凡例あるいは説明が必ず付いており、そこに示された分類基準を理解してから見る必要があります。注意してほしいもう1つの点は、

[1] 竹内均、2002年、ひらめきと執念で拓いた地球の科学。ニュートンプレス、253p.
[2] ヴェーゲナー 著、都城秋穂・紫藤文子 訳、1981年、大陸と海洋の起源 —大陸移動説— （上）。岩波書店、244p.
[3] ヴェーゲナー 著、都城秋穂・紫藤文子 訳、1981年、大陸と海洋の起源 —大陸移動説— （下）。岩波書店、249p.
[4] Mitchell, R. N., Kilian, T. M., Evans, D. A. D., 2012, Supercontinent cycles and the calculation of absolute palaeolongitude in deep time, Nature, 482, 208–212.

地質体は空間的な広がりの中で特徴や性質が徐々に変わっていくことがよくあるということです。赤い岩石だったのが、場所が変わるとともに少しずつオレンジ色になっていき、気がつくと黄色になっている、といった感じです。この場合でも、地質図上で赤と黄の2つで分類すると設定したならば、オレンジ色に見えているどこかで、赤と黄の境界を決めて線を引きます。そうすると、地質図ごとに境界線の場所が異なる可能性が出てきます。分類の基準と境界の不明瞭さ。この2つの要因によって同じ地域であっても塗り分け方の異なる地質図が作られるのです。

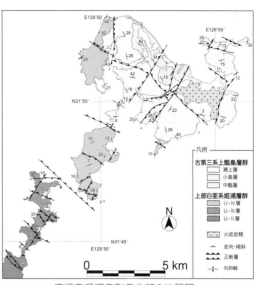

鹿児島県甑島列島北部の地質図

地質図は推定で描かれる

縞状鉄鉱層の露頭（オーストラリア カリジニ国立公園）

次に、地質図の作り方を説明します。左の写真を見てください。川に削られて見事な崖ができています。この崖のように、地表に岩体が露出している場所を**露頭**（outcrop）と呼びます。同じ発音の言葉で路頭がありますが、これは道端の意味です。意味も少し似ていてややこしいのですが、「路頭の露頭」と言えば「道端にあって、そして岩体が露出している場所」という意味になります。

露頭と言えばいつも思い出すことが私にはあります。大学3年生ではじめて野外地質調査に参加したときに、先生と先輩が行く先々で「"ロトー"あるか？」、「良い"ロトー"ですね」といったやり取りをしていました。「"ロトー"って何だ」と思いながらも恥ずかしくて私は何日も聞くことができず、調査最終日に先輩と二人で大学に戻る車の中で恐る恐る訊ねたのでした。路頭と書いてある学生のレポートを露頭に訂正しながら、そんなことを思い出します。

さて、露頭であれば地質体を直接見てから地質図を作ることができます。しかし地表の多くは砂や土壌や植生によって覆われています。地表を薄皮のように覆っている砂、土壌、植生などをまとめて表土と呼びます。地質体の多くはできた年代が数十万年前や数億年前といった大昔であるのに対して、表土の形成年代は一般に数年前から数千年前と、他の地質体に比べてとても若いのが特徴です。そこで、多くの地質図では表土を取り除いた残りの地質体の分布を示します。表土の分布や種類を調べたい場合には、表土分布図のような特別な地質図を作ります。

通常の地質図を作る場合、表土はその下の地質体を覆って隠すことになります。これをショートケーキで例えると、周りのクリームが表土に、ケーキの大部分を作っているスポンジが表土の下の古い地質体に、それぞれ対応します。クリームによって、中のスポンジの様子

が見えないというわけです。

　表土によって古い地質体の様子がわからない場合には、機械を使って地下に孔を掘って、試料を取ってきたりカメラで中を見たりして調べることがあります。これを**掘削**（drilling）、あるいは**ボーリング**（boring）と言います。竹串を刺してケーキの中の焼け具合を調べるのに少し似ています。掘削は有効な方法で海底下の地質調査にも使われますが、手間とお金がかかるので、表土で覆われている場所を全て掘って調べるわけにはいきません。そこで、見えない地域の地質図を完成させるには、別の方法で補う必要があります。

　どのような方法かというと、航空画像、衛星画像、物理探査データ、図学、経験、などを間接的な情報として使い、表土下の地質体を推定するのです。例えば下の写真は、高知市周辺の香長平野の空中写真ですが、ところどころに高まりがあります。これらの高まりは、周りよりも硬い岩石が分布している場所にあたります。地形は大抵その地域の地質体を反映しており、そのことを利用して地質体の分布を推定できることがあります（第7章参照）。

　ただし、このような間接的なデータを使った方法はあくまで推定です。加えて現在の地球表面は、多くが表土に覆われています。特に日本のような

高知大学朝倉キャンパス上空から見た香長平野

温暖で湿潤な地域ではそれが顕著です。ということは、そういった地域の地質図は大部分が推定によって描かざるをえない、言ってしまえば解釈図というわけです。地質図は解釈図であることは常に意識しておくべきことだと私は思います。元のデータが同じであっても作る人によって解釈は変わりうるので、描かれる地質図も変わってきます。1つの地域でも作った人の数だけ地質図の数があると言われるほどです。

　さらにこのことは、世に出ている地質図が必ずしも正解ではないことを意味します。もちろん、描かれていることの全てが間違いということは珍しいですが、完璧な地質図もまた存在しないと言えます。程度の差こそあれ、どの地質図にも不明瞭な部分や真実とは異なる部分がきっとあります。ですので、地質図を眺める時は、描かれてあることを鵜呑みにするだけでなく、「本当にそうなのか」、「製作者がこのように地質図を描いた理由（解釈した根拠）は何だろう」といった見方もできます。それは、その地域の地質をより丁寧に考えることに繋がります。

地下を構成する物質

　これまで何度か出てきた**地質体**（geological body）という用語について、ここであらためてまとめておきます。

　地質体とは地下を構成する物質のことです。ここでいう地下には、地表も含めることにします。また、**地圏**（geosphere、あるいは solid earth）という言葉は地下とほぼ同じ範囲を指します。右の図は地球の地下あるいは地圏を模式的に描いた図で、ここに描かれている物質が地質体ということになります。

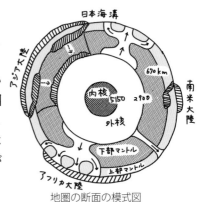

地圏の断面の模式図

・地質体の種類

　それでは地質体の種類を、主に物質の状態にもとづいて分類します。

固まっておらず粒子状で存在する地質体
　まず、先ほど話題にした表土があります。表土は**レゴリス**（regolith）とも呼びます。下の写真で考えると、川沿いに出た露頭の最上部の脆そうな部分が表土にあたります。表土の特徴は、岩石のように固まってはおらず、礫や砂からなる粒の集合体であることです。これらの粒同士はしっかりとはくっついていません。このような粉や粒が集まってできている物体を、物理的には**粉粒体**（granular material）と呼びます。また、岩石のように固まっている地質体を固結していると表現するのに対して、表土のような粉粒体状態の地質体は未固結であると表します。

　表土は、粒子の状態やできた過程などによって、**風化物**（weathered material）、**堆積物**（sediment）、**砕屑物**（clastic material）、**土壌**（soil）、などに細かく分類することがあります。

表土の断面の例 (愛媛県西条市)

固体と見なせる地質体
　次に、地質体の代表である**岩石**（rock）を説明します。岩石は例えば「主に鉱物や有機物からなる固結した集合体」と定義します。ポイントは固体と見なせることです。

　ただ、岩石をきちんと定義することは実はとても難しいです。誰が見ても岩石！と言えるものも多いですが、岩石と考えるべきか、泥（の塊）と考えるべきか迷ってしまう地質体もよく見かけます。「おにぎり」と呼んでいいのか「ご飯の塊」と呼ぶべきなのか判断が難しい状態もあります。しかし、どこで線引きするのが妥当かは話題によって変わりますし、そこにこだわりすぎるのは本質的でない場面も多いです。というのは、表土と岩石とは、あくまでも話をしやすくするために人が便宜的に分けている用語に過ぎないからです。相手に伝わりやすく余計な誤解や混乱を減らすために大切なのは、目的に応じて基準を明確にして一貫して用いることです。

液体や気体で存在する地質体
　3つ目の地質体として紹介するのは、**地下流体**（crustal fluid）と呼ばれるグループです。具体的には、マグマ、地下水、石油、天然ガス、などが地下流体に含まれます。文字通りに流体（液体もしくは気体）で存在しています。

　これらの中で、**マグマ**（magma）は岩石が融けて液体になったものです。似たような言葉に**溶岩**（lava）があります。マグマと溶岩はどちらも融けた岩石を指すのですが、地下にあるものをマグマ、地表に噴き出たものを溶岩と呼びます。この違いを歯磨き粉で説明すると、

チューブに入っている状態はマグマ、チューブから出して歯ブラシに乗った状態は溶岩、ということになります。なお、溶岩が冷えて固まってできた岩石も、そのまま溶岩と呼びます。「正しくは溶岩が冷えてできた岩石だろう」という気もするのですが、固結しているかどうかの判断は難しい場合もありますし、無理に分けて「溶岩石」なんて呼んだ方が却って混乱しそうなので、現状の使い方が便利なのだと思います。

・地質体を区分する

　ここからは、地質図および地質図であつかう地質体の区分の仕方について説明します（例えば [5]）。地質体の多くは薄く広がった層状で存在していますので、区分の仕方は層状の地質体とそれ以外の地質体とで分けて考えることにします。

地層を作る地質体

　まず、層状の地質体ですが、これは層構造を反映して縞模様に見えることがよくあります。この縞模様、あるいは縞模様を作っている地質体のことを**地層**（stratum）と呼びます。右の写真のようなきれいな地層があると、つい見とれてしまいます。

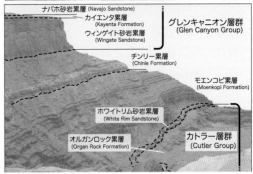

地層の例（米国 ユタ州 キャニオンランズ国立公園）

　地質体としての地層は一般に、それが露出している代表的な地域にもとづいて名前をつけます。このような地域を**模式地**（type locality）と呼びます。名前はある程度まとまった地層に対して与えるのが一般的です。このような名前のついた地層のまとまりを**層**（formation）と呼びます。後で出てくる**単層**（bed、あるいはstratum）と区別するために、**累層**と呼ぶこともあります。累層は、見た目の特徴やでき方にもとづいてさらに細かく**部層**（member）に区分することもあります。実際には、特定の地層や小さな岩体に名前がついて定着している場合もよくあります。なお、岩石の見た目のことを**岩相**（face）と呼びます。手相や顔相と同様に岩石の面構えを意味し、「あっちの露頭とこっちの露頭とで岩相が似ている」とか「ここを境に岩相が急に変わる」というような使い方をします。岩相の分け方については第3章でも紹介します。

　累層や部層をもっと細かく分けることもできます。例えば右の写真で白い層と黒い層が繰り

単層の例：上部白亜系和泉層群（徳島県鳴門市）

[5] 長谷川四郎・中島 隆・岡田 誠、2006 年、フィールドジオロジー 2　層序と年代。共立出版、176p。

返していますが、この一枚一枚の地層を単層と呼びます。単層ごとに名前をつけるとキリがなくなるのでそのようなことはしませんが、特徴的な岩相をしていたり、研究をする上で重要であったりする場合は、単層にも固有の名前や番号をつけることがあります。

　部層や単層とは反対に、主に地質の時代を境界として1つ以上の累層をまとめた場合、それを**層群**（group）と呼びます。層群くらいになると全体で数百mから数kmの厚さを持つことも珍しくありません。また、複数の層群をさらにまとめて1つの**超層群**（super group）とすることもあります。右の写真で示したスコットランドの荒涼とした露頭では、2つの層群と1つの岩体が見えていて、それぞれができた時代は数億年から10億年以上も異なります。写真に書かれた「Ga」というのは

複数の地質体（スコットランド ロッチアシント）

「10億年前」という意味で、ストア層群（1.2 Ga）はストア層群という地層のまとまりが12億年前にできたものであることを意味します。

地層を作らない地質体もある

　地質体は層状で存在することが多いのですが、それ以外の形をしていることもあります。

　四国で言えば、例えば右に示した高知県の足摺岬あたりの地質図において紫色や赤色やピンク色で示された岩体があります。よく見ると異なる種類の岩体が複雑に分布しており、層状をしていないものもあります。

　このような複数の種類の岩体は、一つ一つ名前をつけるのが大変なのでまとめて**複合岩体**（complex）あるいは**複合岩類**と呼びます。先ほど紹介した足摺岬に露出している複合岩体は、足摺岬環状複合岩体という名前がついています（例えば[6]）。複合岩体のことを片仮名でそのままコンプレックスと呼ぶことも多いです。上記のような特徴を持ち、数km²から数十km²くらいの広さで露出している場合に、複合岩体と呼ぶのが一般的です。

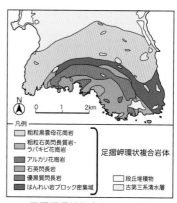

足摺岬環状複合岩体の地質図
[6] を元に作成

　層状ではない形をしている地質体で、複合岩体よりも規模が小さくて岩相が比較的均質なものは、単に**岩体**（rock、stone）と呼びます。右の写真は、アメリカ合衆国のカリフォルニア

モーロロック（米国 カリフォルニア州 モーロ湾）

[6] 林 宏樹・赤井純治、2011年、高知県足摺岬環状複合岩体のジルコンにおける特異な内部組織と微量元素組成。岩石鉱物科学、40、1-12。

州にあるモーロロック（Morro Rock）と呼ばれる岩体です。高さは177mあって、海岸にそびえて目立つことから観光地になっています。写真のように港から全景が見えますし、近づくとかなりの迫力があります。このモーロロックは**デイサイト**（dacite）と呼ばれる岩石からなり、2300－2500万年前の火山の火道がその後の侵食によって露出したものと考えられています。

　こういった火山の火道などは層状ではなく筒状の岩体を作ります（第8章参照）。他にも、円盤状、ドーム状、しずく状といった形の岩体が露出することがあります。

地質体の空間的な広がりを知る

　紹介してきた基準を中心に地質体を分類して地質図を塗り分けます。すると、その地域の地質体の種類に加えて、それらの空間的な位置関係も見えてきます。「何があるのか（ないのか）」に加えて、「それらの位置関係」を意識するのは、構造的な見方の一つと言えます。空間について説明したので、次の節では岩石からわかる時間の情報について紹介します。

2）岩石の年代をどのように測るのか

　地球において地質体の大部分を占めるのは岩石ですが、そのできた時代はさまざまです。若いものだと例えば、2013年以降に激しい噴火が起こった小笠原諸島の西之島では、噴火に伴うできたての岩石がたくさん見られます[7、8、9]。では反対に、地球で最も古い岩石はいつごろできたのでしょうか。現在見つかっている最古の岩石は、カナダ北西部のスレイブ地域に分布しているアカスタ片麻岩という岩石で、約40億年前にできたとされています（例えば[10]）。また、地球ができたのは46億年前と言われています。

　こういった年代値はどのようにして調べるのでしょうか。岩石の形成年代は地球の歴史や構造を考える上で重要な情報です。岩石はでき方にもとづいて、堆積岩、火成岩、変成岩の大きく3種類に分けることが多く、ここではそれぞれについて、できた年代を求める方法を紹介します。

① 堆積岩の場合

堆積岩は降り積もってできる

　岩石のうち、海底や湖底に溜まった堆積物が固まってできた岩石を**堆積岩**（sedimentary rock）と呼びます。堆積物とは、水中や大気中で、鉱物、岩石の破片、水中の溶解物、火山噴出物などが機械的に積もる、または化学的に沈殿した集合物を指します[11、746p]。堆積物には生物の遺骸も含まれるので、堆積岩からは**化石**（fossil）が出ることがあります。堆積物のうち、砕屑物が外からの力を受けて侵食され、その後に運搬されて、はじめとは違った場所に堆積したものを**砕屑性堆積物**（clastic sediment）と呼びます。

　堆積物は、後から被さってくる堆積物の荷重で押し固められたり、堆積物の隙間にある地下水から沈殿が起こったりして、固体である堆積岩へと変わっていきます。このような堆積岩ができる作用を**続成作用**（diagenesis）と呼びます[12、35-49p]。

　堆積物および堆積岩は新しいものほど上に積み重なっていきます。これを**地層累重の法則**

[7] 国土地理院、2023年、西之島付近の噴火活動関連情報。https://www.gsi.go.jp/gyoumu/gyoumu41000.html。
[8] 海上保安庁、2023年、海域火山データベース西之島。https://www1.kaiho.mlit.go.jp/GIJUTSUKOKUSAI/kaiikiDB/kaiyo18-2.htm。
[9] Tamura, Y., Ishizuka, O., Sato, T., Nichols, A. R. L., 2019, Nishinoshima volcano in the Ogasawara Arc: New continent from the ocean? Island Arc, 28, e12285.
[10] Bowring, S. A. and Williams, I. S., 1999, Priscoan (4.00–4.03 Ga) orthogneisses from northwestern Canada. Contrib. Mineral Petrol., 134, 3–16.

堆積岩の例：上部白亜系和泉層群 (徳島県鳴門市)　　　　　　　　堆積層の例 (高知県室戸市)

(law of superposition) あるいは**地層の累重原理** (superposition principle) と呼びます ([11、818p] や [13、519p])。この考えにもとづくと、連続的に積み重なっている堆積物や堆積岩の層、つまり地層があるとき、それらの地層が堆積後の地殻変動で逆転していない限り、上にあるものほど後から堆積した若い地層になります。

　　地層を対比してできた順番を決める

　地層は、堆積した当時はある程度の空間的な広がりを持っていますが、堆積した後に一部で侵食や被覆が起こって限定的に露出しているのが一般的です。これらの露頭が分断されて離れている場合は、それぞれの地層のつながりや新旧関係を直接見ることができません。その場合、色や含んでいる粒子が他とは異なる特徴的な地層があれば、それを絵合わせパズルのようにつなげて全体の様子を推定します。このように、離れた場所にある地層の上下関係を対応させることを**対比** (correlation) と言います。また、他とは異なる特徴があって対比に有効な地層のことを**鍵層** (key bed) と呼びます（例えば [14、14p]）。

　地質学の歴史において、実際にそのような方法で世界各地の地層は対比されていき、広い地域における地層の新旧関係が明らかになりました。地層の新旧関係を**相対年代** (relative age) と呼びます。

　地層の対比によってヨーロッパを中心に地層の相対年代がある程度わかってくると、今度は相対年代にもとづいて地層ができていった歴史、それは地球の歴史にほかならないのですが、それを複数の時代に分けて整理しようという動きが起こりました。そうしてできたのが**地質年代** (geological time) です。**白亜紀** (Cretaceous) とか**第四紀** (Quaternary) といったものです。2020 年には**チバニアン** (Chibanian) という地質年代が話題になりました。チバニアンは、第四紀をさらに細かく分けた年代の一つで、78.1 万年前から 12.6 万年前の期間にあたります。その年代の記録を最もよく残している地層が千葉県市原市にあることから、チバニアンという名前にすることが**国際地質科学連合** (International Union of Geological Science、IUGS) によって決まりました [15]。また、第四紀とその一つ前の年代である**新第三紀** (Neogene)、さらに一つ前の

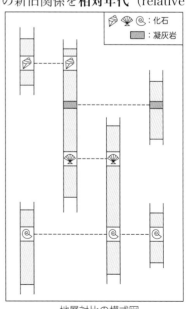

地層対比の模式図
Stone(2008) を参考に作成

[11] 地学団体研究会 編、1996 年、新版　地学事典。平凡社、1443p。
[12] 勘米良亀齢・水谷伸治郎・鎮西清高 編、1991 年、岩波地球科学選書　地球表層の物質と環境。岩波書店、326p。
[13] 井田喜明・木村龍治・鳥海光弘 監訳、2019 年、地球大百科事典 (下) —地質編—。朝倉書店、795p。
[14] 日本地質学会 訳編、2001 年、国際層序ガイド　層序区分・用語法・手順へのガイド。共立出版、238p。
[15] 菅沼悠介、2020 年、地磁気逆転と「チバニアン」地球の磁場は，なぜ逆転するのか。講談社ブルーバックス、251p。

古第三紀（Paleogene）の３つをより大きな括りとしてまとめて新生代（Cenozoic）と呼びます。このように地質年代はいくつかの階層に分けて区切ります [16]。

　地質年代の決め方ですが、主に生物進化にもとづいて、大きな絶滅が起こったときを境界にしています。これは、日本の歴史を当時の権力者たちの盛衰にもとづいて、平安時代や江戸時代などに分けるのと似ています。この区分で重要な役割を果たすのが化石です。

化石を用いて地質年代を決める

　次に、化石を用いた地質年代の決定について説明します。堆積物は主に、岩石が砕かれることによってできた砕屑物からなることが多いのですが、それらと一緒に動物の遺骸や植物片が入ることがあります。中には、ほとんどが遺骸や植物片からなる堆積物もあります。例えば、お土産にもなっている星の砂は、有孔虫（foraminifera）という動物性プランクトンの殻からなる砂のことです。また、泥炭（peat）というのは、ほとんどが植物片からなる泥のことで、続成が進むと石炭になることがありますし、そのまま燃料として使われることもあります。

　堆積した動物の遺骸や植物片は、堆積岩ができる過程で化石になることがあります。ここで、堆積岩の中に特定の時期にだけ生きていた古生物（ancient life）の化石が入っていた場合、その堆積岩はその古生物が生きていた時期に堆積したと考えることができます。堆積物や堆積岩が堆積した時期のことを、堆積年代（sedimentary age）と呼びます。

　また、このような特定の時期にのみ生息していて、堆積年代を推定するのに有効な化石を示準化石（index fossil、あるいは leading fossil）と呼びます。例えば、アンモナイト（ammonoidea、ammonites）は代表的な示準化石で、デボン紀（Devonian：約４億2000万年前から３億6000万年前）という地質年代に出現して白亜紀の終わりに絶滅したことがわかっています。ですので、ある堆積岩からアンモナイトの化石が出てくれば、それがデボン紀から白亜紀までのどこかの時期に堆積したのだと推定できます。アンモナイトは現在までに１万種以上が知られていて、種によっては生息時期が狭いので堆積年代を細かく制約できます。

　また、１つの示準化石だけでは地質年代の制約は緩いかもしれませんが、同じ地層から出る複数の示準化石を組み合わせて、それらが同時代に生息していたと考えることで堆積年代をより限定することができます。例えば、ここに一冊の古い週刊少年ジャンプがあったとします。その中に「ワンピース」と「るろうに剣心」が載っていたならば、そのジャンプは 1997年34号から 1999年43号までのどれかだと言うことができます [17、18]。また、メジャーリーグベースボールのニューヨーク・ヤンキースのある試合において、その時にイチロー選手と黒田博樹投手と田中将大投手がヤンキースに在籍していたのだとわかれば、それは 2014年シーズンの試合であると限定されます。これらと同じ理屈です。

② 火成岩の場合

　示準化石は地質年代を決定できますが、数値で「○○万年前」と表すことはできません。また、それぞれの地質年代が何年前かということも化石だけではわかりません。過去の年代を数値で示すためには、放射年代（radiometric age）という値を用います。

[16] Gradstein, F. M., Ogg, J. G., Schmitz, M. D., Ogg, G. M. eds., 2012, The Geologic Time Scale 2012, Elsevier, 1144p.
[17] ウィキペディア「ONE PIECE」、https://ja.wikipedia.org/wiki/ONE PIECE。
[18] ウィキペディア「るろうに剣心 - 明治剣客浪漫譚 -」、https://ja.wikipedia.org/wiki/ るろうに剣心 - 明治剣客浪漫譚 -。

放射年代の原理

　ここからは、**火成岩**（igneous rock）を例にして、放射年代の原理を説明します。火成岩とはマグマや溶岩が冷えて固まることでできた岩石のことです。右の写真はハワイ島で撮影したものです。道路に流れ込んできた溶岩が固まって火成岩になっています。

　火成岩に限らず全ての岩石は、定義に従えば、主に**鉱物**（mineral）からなる集合体です。岩石をおにぎりとすると、鉱物は米粒にあたります。たいていの岩石は、複数の種類の鉱物や、より小さな岩石の破片（岩片と言います）からなりますので、五穀米みたいな感じでしょうか。鉱物の学術上の定義は「無機質の均質物質で規則的原子配列をも

火成岩の例：米国 ハワイ島の溶岩

ち、ほぼ一定の化学組成をもつもの」となります [11、432p]。これに従うとガラスは非晶質なので鉱物ではありません。非晶質とは、規則的な原子配列をしていないという意味です。また、生物の歯や骨など実際には鉱物と呼ぶのか微妙な物質もありますが、ここではあまりこだわらずに話を進めます。

　さて、鉱物を作っている元素の中には**同位体**（isotope）が存在するものがあります。同位体とは、同一の元素で原子の質量の異なるものです。さらに、同位体の中には原子核が不安定で放射壊変するものがあり、これを**放射性同位体**（radioactive isotope）あるいは**放射性元素**と呼びます。火成岩の年代測定には、この放射性元素を使います。

　地質学でよく利用される放射性元素の例としてカリウム40を紹介します。原子番号19のカリウムには主に原子量が39、40、41の3つの同位体があります。どれもカリウムですが重さが異なります。これらの中でカリウム40は放射性で、右の図で示したように89.5% が β崩壊を起こしてカルシウム40となり、残りの10.5% が電子捕獲によってアルゴン40に壊変します。このとき、壊変前の元素を**親核種**（parent nuclide）、壊変後の元素を**娘核種**（daughter nuclide）と呼びます。

　放射性元素は元素ごとに固有の速さで壊変することが知られています。その速さは、存在する親核種の半分が娘核種に壊変するまでにかかる時間で表すことができ、これを**半減期**（half-life）と呼びます。カリウム40の半減期は12.5億年です [19]。

カリウム40の放射壊変

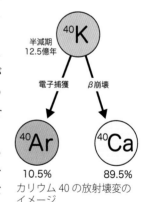

カリウム 40 の放射壊変のイメージ

　放射壊変の起こる速さが元素ごとで一定というのは自然界において極めて面白い性質で、イギリスの科学者であるアーネスト・ラザフォードとフレデリック・ソディによって、1900年ごろにその概念が作られたとされています [20]。この性質を利用して、親核種と娘核種の量比から放射壊変が始まってからの時間を計算できるのです。このようにして算出した値を放射年代と呼びます。

[19] 桜井 弘 編、2013 年、元素 111 の新知識　第 2 版増補版。講談社ブルーバックス、494p。
[20] 兼岡一郎、1998 年、年代測定概論。東京大学出版会、315p。

いつでも「放射年代＝岩石の形成年代」なわけではない

　放射年代を使えば火成岩ができた年代を推定できそうです。ところが実際の話はそう簡単ではなく、「火成岩の放射年代＝火成岩ができた年代」が常に成り立つわけではありません。この関係が成り立つには、火成岩ができて以降、その岩石と外部とで親核種および娘核種の出入りが起こっていないことが条件です。どういうことでしょうか？

　岩石の温度が高い時は、岩石と外部で原子のやり取りが活発に起こります。しかし岩石がある温度まで下がると、そのやり取りがほとんどなくなります。この状態を**閉鎖系**（closed system）と呼び、閉鎖系が成立する温度を**閉鎖温度**（closure temperature）と呼びます。閉鎖温度は放射性元素や鉱物によって異なります。

　火成岩はマグマや溶岩が冷えてできます。冷えていく途中で閉鎖温度を下回ると、岩石と外部の間で原子のやり取りがほとんどなくなります。放射壊変でできた娘核種は鉱物中では不安定で、閉鎖系が破られると外部に出ていってしまいます。一方、閉鎖系が保たれている間、娘核種は鉱物中に蓄積されていきます。したがって岩石（正確には鉱物）の放射年代は閉鎖系が成り立ってからの年代、つまりマグマが冷えて火成岩ができてからの年代とほぼ同じであるとみなせるわけです。

　もし火成岩ができた後に、別のマグマあるいは熱水が近くにやってくるとか、衝撃を受けて摩擦熱が発生するとか、そういった温度の上がるイベントによって閉鎖温度を超えた場合は、娘核種の一部あるいは全部が火成岩を作っている鉱物から抜け出ることがあります。娘核種が抜け出るイベントを経験した試料の放射年代は、火成岩ができた年代よりも若い値を示すことになります。

　ですので、放射年代を使って火成岩のできた年代を調べるときには、その試料が冷えて岩石となって以降に閉鎖系を保っていることを確かめる必要があります。また、試料によっては、形成時に存在する娘核種の量が通常よりも多かったり、形成後に親核種だけが抜け出てしまったりすることがあります。その場合は、先ほどとは反対に、放射年代は火成岩のできた年代よりも古い値を示します。この点も注意しなくてはいけません。

③ 変成岩の場合

　地表付近にあった岩石は地下に埋没することがあります。地球は深部ほど温度と圧力が高くなるので、埋没した岩石は地表にあったときよりも高温高圧の状態におかれることになります。鉱物には、種類ごとに安定な温度と圧力の範囲があって、周囲の元素の種類や量によっては温度と圧力が変わったときに、そこで安定な別の鉱物に変わることがあります。このようにして元の岩石から鉱物組成や組織が変わった岩石を**変成岩**（metamorphic rock）と呼びます。また、変成岩ができる作用を**変成作用**（metamorphism）と呼びます。

“虎岩”として有名な長瀞の変成岩（埼玉県長瀞町）

温度や圧力の変化がより大きかったり、水が加わることで融点が下がったりすると、岩石は融けてマグマになります。このマグマが冷えて固まると新しい火成岩となるわけですが、変成岩の場合は、部分的な溶融はあっても全体が融けるわけではありません。多くの材料や枠組みは残しつつ、条件に適したより安定な状態に変わるのが特徴です。食材を加熱することで味や食感が変わることや、家をリフォームするのに似たところがあります。

　変成岩に含まれている放射性元素は、変成作用あるいはその前後で高温を経験することで、閉鎖系が崩れて親核種や娘核種の出入りが起こることがあります。特に娘核種が全て抜け出た場合には放射年代が０になり、そこからまた娘核種が溜まっていきます。これを放射年代のリセットと呼びます。

　そのような試料が現在示す放射年代は、変成作用を受けている途中で最後に閉鎖系が成立した年代を意味します。これを**変成年代**（metamorphic age）と呼びます。先ほどの家の例えで考えると、変成年代はリフォームした年代にあたります。

地質年代が決まる岩石は限られている

　ここまで説明してきたように、岩石の年代を測る主な方法には、化石を使って地質年代を推定するものと、岩石を作っている鉱物中の放射性元素を用いた放射年代を測定するものがあります。年代を推定する方法は他にもありますが、現在のところはこの２つの方法が主流です。では、これらを使ってどんどん年代を決めたいところですが、実際に年代を求めるには、いくつも難題があります。まず、１つの年代測定では制約できる年代の幅が広いために、目的に見合った年代を得るには複数の手法やデータを組み合わせなくてはならない場合があります。他にも、放射年代は、手法において原理的に未解明の部分がある、測定に特殊な技術や装置が必要、といった課題があります。放射年代が測定できても、それが形成年代なのか変成年代なのか、対応する地質イベントを適切に判断しなくてはいけません。また、閉鎖系の保持や放射年代のリセットが不完全な場合には、放射年代の解釈はより複雑になります。そもそも、化石の入っていない堆積岩、放射性元素の入っていない火成岩や変成岩も多く、どの岩石でも年代を決められるわけでもありません。

　つまり、有用な年代データを得る作業は現在の知見や技術でも簡単ではなく、しかも、それが可能な試料は限られているのです。こういった数々の条件を満たして得られる年代のデータは、貴重な情報と言えます。

3）移動をプレートテクトニクスで説明する

　プレートテクトニクス（plate tectnics）は現在の地球科学において基本となっている概念です。それは「地球表層はいくつかの硬い板（プレート）に分かれており、それらが水平に動くことで地表の構造が作られている」とする考えで、紹介してきた地質図や岩石の年代データに加えて、地震や火山噴火など地表付近の様々な地質現象をうまく説明できます。

　プレート（plate）は厚さが100kmほどの岩盤で、水平方向の移動速度は１年間に数十mmほどです。これは人の爪が伸びるのと同じくらいの速さで、実際にGPS（Global Positioning System）などのGNSS（Global Navigation Satellite System）によって移動が確認されています。

プレートは上面を作っている地質体の種類によって、**大陸プレート**（continental plate）と**海洋プレート**（oceanic plate）の２種類に分けて考えます。また、地表の他の場所よりも大きな力がかかり歪みが集中している部分を、**プレート境界**（plate boundary）と呼びます。言い換えると、地球の表面は一様に水平移動している場所（プレートの内部）と、大きな歪みが起こっている場所（プレート境界）とに二極化しているのです（第10章も参照）。

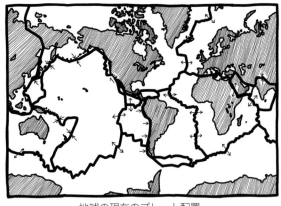

地球の現在のプレート配置

・プレート境界の３つの端成分

　２つの接するプレート間の相対的な運動方向にもとづいて、次頁の図のようにプレート境界は大きく３つの端成分に分類するのが一般的です。それぞれの特徴を紹介します。

離れていく境界
　２つのプレートが離れていく境界を発散境界と呼びます。新しい発散境界は次のような過程で作られます。

　まず、ある１枚のプレートに対して水平に引っ張る力が働きます。その結果、プレートは引き伸ばされて一部に歪みが集中して、その部分が薄くなります。薄くなった部分の上面（地表面）は沈降して盆地になります。これは、お餅を水平に引き伸ばした時の様子に似ています。はじめは全体で伸びていても、そのうち伸びる部分が集中してきて、その場所だけが薄く（あるいは細く）なって上側が凹みます。引き伸ばされたプレートが薄くなって盆地ができることを**リフティング**（rifting）と呼びます。

　リフィティングで盆地ができると、周りから砕屑物が流れ込んできて埋め立てが起こります。これもお餅で例えるならば、お餅の上に乗せてあった黄な粉が崩れて、伸びた部分に落ちて溜まっていく感じでしょうか。

　プレートの伸長がそのまま続くと、いずれはちぎれてしまいます。そうすると、プレートの下の部分にあるマントル物質が上昇してきます。上昇する途中でマントル物質はマグマになることが多く、その結果、ちぎれた部分には主に火山岩類からなる岩盤ができていきます。これが新しい海洋プレートとなります。一般にこのような場所は沈降して海水が入り込んでおり、海洋プレートの形成にともなって海が広がっていきます。そこで、発散境界で新しい海洋プレートができていくことを**海洋底拡大**（seafloor spreading）と呼びます。お餅で例えると、餡子餅を引っ張ってお餅がちぎれることで、中の餡子が見えてくるのに似ています。

集まってくる境界
　発散境界とは逆に、２つのプレートが近づいている場所は収束境界と呼びます。収束境界ではプレートが水平に押されることで厚くなったり重なり合ったりして、山脈の形成が起こ

ります。日本列島は全体がプレートの
収束境界に位置しています。

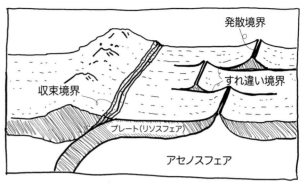

プレート境界の模式図

　収束境界の多くの場所では、プレートのどちらか一方が地球の内部に沈み込んでいきます。これを**プレート沈み込み**あるいは**サブダクション**（subduction）と呼びます。一部の収束境界では、片方のプレートがもう一方に乗り上げることもあります。これを**オブダクション**（obduction）と呼びます。また、片方あるいは両方のプレートが大きく変形して隆起を起こすこともあります。このような現象を（プレートの）**衝突**あるいは**コリジョン**（collision）と呼びます。衝突は、大陸プレート同士からなる収束境界でできることが多く、標高の高い大山脈ができるのが特徴です。ヒマラヤ山脈やヨーロッパアルプスは、地球上で今まさにプレートの衝突が起こっている地域です。

すれ違う境界

　プレート境界の端成分の3つ目として、境界を挟んだ2つのプレートが境界と平行な水平方向にずれていくものがあり、これをすれ違い境界と呼びます。すれ違い境界となっている断層は**トランスフォーム断層**（transform fault）と呼びます。

　トランスフォームは「変換、変わる」という意味です。トランスフォーム断層は、それだけで存在していることはほとんどなくて、通常は発散境界あるいは収束境界と連続しています。そして、トランスフォーム断層を挟んだ両側のプレート境界では、プレートの相対運動が異なることがあります。例えば、片側では発散境界だった場所が、トランスフォーム断層を挟んだ反対では収束境界になるといった感じです。このように、プレート境界の相対運動が「変わる」断層というのが、トランスフォーム断層と呼ばれる由来です。

・超大陸「パンゲア」を作った大陸移動

　それでは、ここまで説明してきた、地質図、岩石の年代、プレートテクトニクスの3つを使って大陸移動について説明します。

　まず、各地で作られる地質図をつなげていくことで、地質体ごとの広域的な空間分布をある程度把握できるようになります。それと並行して、示準化石のデータが蓄積することで、それらの地質体の地質年代が推定され、時間的な分布も見えてきます。実際の地質学の歴史でも、19世紀から20世紀のはじめにかけて、そのようなことが起こりました。そうして、得られたデータを上手く説明、つまりそれぞれの地質体が、なぜそこに分布していて、どうしてその時代にできたのかを一挙に説明できるアイデアとして、大陸移動説が考え出されました。

　この章のはじめに紹介したように、大陸移動説は1910-1922年頃にウェゲナーによって最初に提唱されましたが、当時は学界全体に定着するには至りませんでした。ところが

1950 年代以降に、海洋底拡大の証拠や放射年代のデータが加わってきて、大陸移動説は再び注目され始めます。そして、大陸移動説をより拡張したプレートテクトニクスという概念によって、広域的な地質図や岩石の年代のデータ・セットを大変うまく説明できるようになりました（例えば [1]）。

　それでは大陸移動の例として、イギリスを中心にしてパンゲアができていった様子を説明します [22]。ここで地質図と地質年代のデータに加えて、大陸の移動を考える際の重要な情報として古地磁気方位を紹介します。方位磁石は南北を指すと同時に、高緯度地域ほど水平から下に傾く性質があります。岩石の中にも方位磁石と同じ性質を持ったものがあり、さらにその一部は過去の方位を記録しています。これを「方位磁石の化石」として使うことで、それらの岩石が過去に位置していた場所を推定できます。

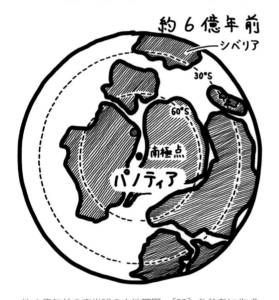

約 6 億年前の南半球の古地理図　［22］を参考に作成

　こういったデータの組み合わせから、およそ 10–7.5 億年前の間にも地球上の大陸の大部分が一つにまとまって超大陸ができていたとされています。この超大陸はロディニア（Rodinia）と呼ばれています。その後ロディニアは分裂して、約 6 億年前には南極点の近くに再び大陸の多くが集まりました。これも超大陸と見なしてパノティア（Pannotia）あるいはベンディアン（Vendian）と呼ぶ考えもあります。左の古地理図は、その頃の南極点を中心とした世界地図です。

　ここでイギリスのグレートブリテン島に注目します。その当時、島の北部と南部は異なる場所に位置していました。地図の中心近くに赤く示したのが島の北部、右の方に赤く示した地域が南部にあたります。現在ではくっついているのに、大昔はそれぞれが全く違う場所に位置していたのです。これは例えば、グレートブリテン島北部に露出する岩石の種類や年代が島の南部とは異なり、むしろ現在の北アメリカ東部と似ていることなどから推察されます。

　パノティアは 5 億年前ごろから分裂を始めます。はじめは超大陸の内部でプレートの伸長が起こり、次に新しい海洋底ができていきます。このとき、グレートブリテン島の北部と南部の間には**イアペタス海**（Iapetus Ocean）と呼ばれる大洋ができたとされます。

　海洋底拡大が進んでいったんはバラバラになった大陸ですが、4 億 5000 万年前ごろから再び集まり始める地域が出てきます。この過程で、イアペタス海は閉じてグレートブリテン島の北部と南部が衝突を起こし、現在の島の原型ができます。プレートが収束したことを示す岩石の情報が島の中部に見られることに、この考えはもとづいています。

　大陸の集結は続き、2 億 5000 万年前ごろには新しい超大陸ができたと考えられています。これがパンゲアです。一連の流れの図を次頁に示しました。

[22] Stone, P., 2008, Bedrock Geology UK North, British Geological Survey, 88p.

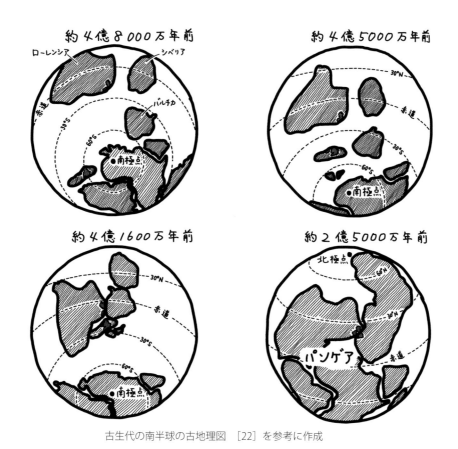

約 4 億 8000 万年前
ローレンシア　シベリア
赤道
バルチカ
●南極点

約 4 億 5000 万年前
30°N
赤道
30°S
60°S
●南極点

約 4 億 1600 万年前
30°N
赤道
30°S
60°S
●南極点

約 2 億 5000 万年前
北極点
60°N
30°N
赤道
パンゲア

古生代の南半球の古地理図　[22]を参考に作成

4）大陸はこれからも動く

　説明してきたように大陸移動の推定は、空間的にも時間的にも大量に集めた複数の情報を総合的に解釈することではじめてできます。その結果、地球の歴史の中で超大陸の形成と分裂が繰り返し起こってきたことが明らかになりました。斉一観に立てば、過去が見えると未来を見通すことも可能になります。この章のはじめに書いたように、将来、大陸は再び集まって新しい超大陸ができるでしょう。

　ただし、一つのデータからだけでは十分な推定ができないこともよくあります。実際に、イギリス全土の最初の地質図は 1815 年ごろにできましたが、地質体の分布の成因を統一的に説明できたのは 1960 年代にプレートテクトニクスの概念が生まれた後です。現在も形成過程について統一した見解が得られていない地質体は多く、これらの解釈には新しい概念がいるのかもしれません。また、古い時代ほど現在残っている地質体の量が少なく情報量が減ります。さらに、地質年代の推定は古いものほど測定誤差が大きくなります。その結果、大陸移動やその他の地質学の解釈については古い時代ほど不確かさが増すのが一般的です。

　上記のような課題は残っていますが、過去を知り未来を予測するために、何よりまず必要なことは対象とする地質体の分布や性質を調べることです。次章以降は特に地質体の変化や変形に注目して、それらの特徴や調べ方を紹介していきます。

2. 地質調査になぜハンマーを持って行くのか？

1）地表の岩石は風化する

　前章で地質図の話をしたときに、「地表の多くは表土が覆っている」と説明しました。表土は、礫、砂、泥といった砕屑物や、それらに有機物が加わった土壌からなります。表土の特徴は、粒子が固結せずに集まっている粉粒体であることです。粉粒体は、あるときは固体のように振る舞い、あるときは流体のように挙動する、ユニークな状態です（例えば [1、2]）。

　地球の地下では、物体は主に固体で存在しています。例外は外核で、これは主に液体の鉄とニッケルからなると推定されています。また、地殻やマントルの一部もマグマとして液体で存在していますが、これも例外です。上に目を向けると、物質は主に気体として存在して**大気圏**（atmosphere）を作っています。固体や液体は少量で、ほとんどが塵となって分散しています。

　これに対して、地表付近の物質は、海洋プレートの上では液体の海が**水圏**（hydrosphere）を作り、そして大陸プレート表層部の大半は粉粒体からなる表土が存在します。また、海洋底には表土の1つである堆積物が広がっています。こうして見てみると、地球において粉粒体がまとまって存在するのは地表付近だけです。また、粉粒体という状態だけでなく、鉱物の種類や組み合わせも地下と地表とでは違います。

　表土を作るのに大きな役割を果たしているのが岩石の**風化**（weathering）です。岩石の風化は地表から深度数〜数十 m の範囲で起こっています。これは地圏の断面（第1章10頁）を半径100m の野球場に例えると厚さ1mm にも満たないシートのような部分ですが、私たちはそのシートの上で暮らしているわけなので見過ごせません。また、野外で調査をすると、風化の特徴が目立って目的の情報を取りづらいことがあります。そんな時「ハンマーで新鮮な面を出すんだ！」と言われます。ここで「ハンマーありません」なんて返事すると呆れられます。地質調査にハンマーは必携です。しかし、どこが風化しているのかよくわかりません。そこで、この章では岩石の風化について紹介します。

2）風化とは？

　野外で見られる岩石は、表面と内部で様子が異なることがあります。例えば次頁左の写真を見てください。これは香川県小豆島に露出していた**安山岩**（andesite）ですが、黄色がかった薄い色の部分と黒い部分があります。野外で見ると黄色い部分の方が多くて目立つのですが、この色をしているのは地表に出ている表面部だけです。安山岩はマグマが冷えて固まった火成岩の一種で、できたばかりのものは一般に濃い灰色や黒に近い色をしています。実

[1] J. デュラン 著、中西 秀・奥村 剛 共訳、2002 年、粉粒体の物理学 –砂と粉と粒子の世界への誘い–。吉岡書店、291p。
[2] 田口善弘、1995 年、砂時計の七不思議。中公新書、198p。

左：香川県小豆島の表面が風化した安山岩　右：侵食された地層（米国 ユタ州 キャニオンランズ国立公園）

際に、小豆島の安山岩も埋まっている部分を掘り出したり、石を割って中を出したりすると、黒色をしています。また、表面の色が変わった部分はボロボロとして軟らかいのに対して、内部はしっかりとして硬いです。

　これは、岩石が地表付近で砕けたり化学反応を起こしたりした結果として起こることです。このように岩石が地表付近で大きく移動することなく形や組成を変えることを岩石の風化と呼びます [3]。この定義の要点は、「大きく移動していない」というところです。風化に対して、上の右の写真のように、地表の物質が水や大気の流れによって運ばれて位置を大きく変える現象は**侵食**（あるいは浸食、erosion）と呼びます（第 1 章 14 頁参照）。

3）風化作用は 2 種類ある

　地表に露出している岩石のほとんどは、大なり小なり風化しています。岩石を風化させるはたらきを**風化作用**（weathering）と呼びます。THE BLUE HEARTS という日本のパンクロックバンドの歌の中に「いつまで経っても変わらない　そんな物あるだろうか」という一節がありますが、一見丈夫そうな岩石であっても地表にある限り時間とともに風化して変わっていきます。風化作用はなぜ起こるのでしょうか。

　それは、温度・圧力・酸化還元状態・水の有無、といった環境が、地下と地表とで大きく異なるからです。物質にはそれぞれの環境において安定な状態があります。地下でできた岩石が地殻変動で地表付近まで上昇すると、それに応じて元の状態から地表で安定な状態へと変化します。これが風化作用です。岩石からしてみれば「この場所で楽な格好になっただけだよ」といった感じかもしれません。

岩石は割れる

　さて、岩石の破砕と岩石の化学反応の大きく 2 種類に風化作用は分けることができます。前者をまとめて**物理的風化作用**（mechanical weathering）と呼び、後者をまとめて**化学的風化作用**（chemical weathering）と呼びます。「じゃあ生物は？」と思った読者がいるかもしれません。鋭い。**生物風化作用**（biological weathering）もあります。これは、生物が関与して起こる物理的あるいは化学的風化作用のことです。では、それぞれの風化作用についてもう少し詳しく紹介していきます。

[3] 松倉公憲、2008 年、地形変化の科学―風化と侵食―。朝倉書店、242p.

① 物理的風化作用

　地表で起こる岩石の破砕のことを物理的風化作用と呼びます。その仕組みには複数の種類があります。

減圧して壊れる

　地球内部にある物体が受ける圧力は、物体の上にかかる重さでほぼ決まります。ここで、深さを z として、そこに置かれた物体が受ける圧力を P とすると、P は重量密度と重力加速度を使って、

$$P \fallingdotseq \rho\, g z$$

で表します（例えば [4、163p]）。ここで、ρ（ロー）は物体の重量密度、g は重力加速度をそれぞれ表します。

　地下でできた岩石が地表まで上昇してくると、深さ z が小さくなる分、圧力 P も小さくなります。これを **除荷**（unloading、あるいは pressure release）と呼びます。除荷が起こると岩石は膨らみます。そして、膨らむ程度が大きいと破砕してしまうことがあります。これが除荷による物理的風化です。身の周りで除荷風化に似た現象を考えてみましょう。例えば、登山のおやつとして袋詰のスナック菓子を持っていくと、山頂で袋がパンパンに膨らんでいることがあります。これは、標高の高いところほど気圧(つまり圧力 P)が小さくなるためです。これと似たようなことが地下から上昇してくる岩石でも起こるわけです。

　花崗岩（granite）には除荷による風化がしばしば発達します。岩石が目に見えるくらいの大きな結晶ばかりからなることを粗粒完晶質と呼び、この特徴を持った火成岩を **深成岩**（plutonic rock）と呼びます。花崗岩は深成岩の１つで、石英、カリ長石、斜長石、黒雲母

米国 カリフォルニア州 ヨセミテ国立公園のハーフドーム

[4] 唐戸俊一郎、2011 年、現代地球科学入門シリーズ 14　地球物質のレオロジーとダイナミクス。共立出版、245p。

などからなります。石材としてよく使われ、ごま塩のような模様が見える花崗岩は「御影石<ruby>御影石<rt>みかげいし</rt></ruby>」と呼ばれます。マグマが地下深部でゆっくり冷えて固まることでできた花崗岩は、できた後に地表まで上昇してくる際に除荷を受けます。その結果、岩体の表面に沿ってあるいは地表面と平行に割れ目が発達して、薄皮のような構造ができることがあります。これを**シーティング節理**（sheeting joint）と呼びます。節理は割れ目のことで、第4章で詳しく扱います。

アメリカ合衆国カリフォルニア州のヨセミテ国立公園では美しいシーティング節理を見ることができます。ヨセミテ国立公園は、サンフランシスコの市街地から車であれば2時間弱で着きます。街から日帰りの観光バスも出ていますので、比較的行きやすい場所です。公園内の見どころの1つであるハーフドーム（Half Dome）はロッククライミングでも有名な花崗岩体で、表面に見事なシーティング節理が発達しています。

また、除荷による岩石の破砕の1つに「山はね」と呼ばれる現象があります。これは、採石場などで地面を削り取った際に除荷が急に起こることで、表面の岩石が板状に割れて浮き上がる現象です。

乾いたり湿ったりして割れる

岩石は乾いたり湿ったりしても体積が変化して破砕することがあります。岩石を構成している鉱物の一部は水分子を取り込んで膨らむ性質を持っています。その代表は**スメクタイト**（smectite）です。スメクタイトは泥や泥岩の多くに含まれている粘土鉱物の一種で、湿ると大きく膨らみ、乾くと縮みます（例えば [5, 43–44p]）。この性質を**乾湿膨縮**（wet-dry expansion）と呼びます。お味噌汁などに入れる乾燥ワカメにちょっと似ています。

泥や泥岩にスメクタイトがたくさん含まれていると、この乾湿膨縮によって地質体が割れることがあります。下の写真は、アメリカ合衆国カリフォルニア州のデスバレー国立公園のレーストラック・プラヤ（Racetrack Playa）と呼ばれる場所です。泥が乾燥してきれいに割れています。この場所に行くには、ロサンゼルスからカジノで有名なラスベガスまで飛行機で移動して、そこからさらにレンタカーで5時間ほどかけて移動します。途中は舗装されていない道もあり、先ほど紹介したヨセミテ国立公園と比べると辿り着くには相当の準備と覚悟が必要です。ただ、苦労をするだけの価値のある美しい場所です。一方で、乾湿膨縮による割れ目は日本の田んぼや畑でも簡単に見ることができます。

米国カリフォルニア州デスバレー国立公園のレーストラック・プラヤ

上記のように乾湿膨縮によって地質体が破砕していくことを**乾湿風化**（slaking、あるいはwet-dry weathering）と呼びます。片仮名でスレーキングと呼ぶこともあります。スレーキングでできた割れ目のことを**乾痕**（desiccation cracks）とかディシケーションクラックと呼びます。

[5] 白水晴雄、1988年、粘土鉱物学（新装版）—粘土科学の基礎—。朝倉書店、185p.

スレーキングの跡は化石としても残ることがあります。右の写真は、イギリスのグレートブリテン島北端部のジョン・オ・グローツ（John o' Groats）という海沿いの小さな村の海岸に露出しているデボン紀の泥岩層に保存されたディシケーションクラックで、この地層が堆積した場所は泥が干上がって乾くような環境であったと解釈できます。

地層に発達する乾痕（スコットランド ジョン・オ・グローツ）

温度の変化で割れる

物体は温度が変わることでも膨らんだり縮んだりします。岩石も温度によって体積が変わり、これによって割れることがあります。この仕組みを**熱膨縮**（thermal expansion）と呼びます。熱したガラスを急冷すると割れることがありますが、これも熱膨縮によるものです（例えば [6]）。

地表は直射日光があたることで、一般に地下よりも温度が激しく変わります。昼と夜での日変化もありますし、夏と冬とでの年変化もあります。岩石の表面では特に温度変化が大きく、砂漠では昼と夜で 100℃を超えることもあるそうです。昼間は岩の上で目玉焼きができそうですが、特に日没後は急に冷えます。そのようなときに、時々ピストルの発砲音のような音がするのだそうです。これは、冷えて縮んだ岩石が割れる音だと考えられています。私はまだこの熱膨縮による破裂音を聞いたことがありませんが、夜の砂漠に鳴り響く石の音をぜひ一度聞いてみたいものです。

熱膨縮によって岩石が破砕していくことを**熱風化**（thermal weathering、あるいは insolation weathering）と呼びます。一回の温度変化では破砕しなくても、高温と低温の繰り返しによって**疲労破壊**（fatigue fracture）に至ることもあります。

ただし、熱膨縮による岩石の破砕は、室内実験ではあまりうまく再現されていないそうです。温度差が 300℃を超えるくらいになるとうまく割れるとする報告もあります。代わりに、氷を用いた熱膨縮の動画を web サイトに掲載しました。これは家でも簡単にできますので、ぜひ実験してみてください。氷の実験では砂漠の夜とは逆に、よく冷えた氷が急に温まって膨らむことで割れます。右に、1 気圧下における氷と水の体積変化のグラフも示しました [7、394p、8]。また、この仕組みについては YouTube に公開されている「Why do ice cubes crack in drink?」という動画の解説がわかりやすくて面白いです（https://www.youtube.com/watch?v=sPScqP3mFKQ）。

左：熱で膨張して割れた氷
右：氷は温度上昇によって膨張する

28 [6] 寺尾宣三、1968 年、＜こわれる＞ 破壊の秘密。法政大学出版局、188p。
[7] 国立天文台 編、2020 年、理科年表 2020（机上版）。丸善出版、1162p。
[8] Harvery, A. H., 2019, Properties of ice and supercooled water, CRC Handbook of Chemistry and Physics, CRC Press, Boca Raton, FL.

氷が割る

先ほどの熱膨縮で紹介したように、物質は一般に温度が上がると膨らむ性質があり、固体から液体、液体から気体に状態が変わるときも同様に体積が増えます。ところが、氷は例外的に水になるときに体積が小さくなります。逆に言うと、水は凍るときに膨らみます。この性質が**凍結**（frost）という風化を引き起こします。

割れ目や空隙（くうげき）といった岩石と岩石の隙間に水がたまることがあります。寒冷地域の地表など温度が低くなる場所では、この水が凍ったり融けたりするのを繰り返します。この作用によっても岩石の破砕が起こります。

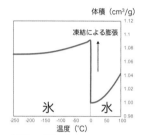

左：霜柱で持ち上げられた表土　撮影：本間 こぎと氏
右：水は凍ると膨張する

凍結による岩石の破砕は、水が氷になるときに9％ほど体積が増える性質によって、岩石の隙間を押し拡げて起こると考えるのが単純です。冬に水が凍って水道管が破裂するのと同じです。しかし、実はそれ以外の仕組みの方が大きく効いているとする研究例もあるそうです。具体的な原因としては、毛管力や吸着力による仕組みが考えられています。詳しい仕組みは不明な部分もありますが、これらをひとまとめにして凍結に関連して起こる岩石の風化を**凍結風化**（frost shattering、あるいは frost weathering）と呼びます。

凍結風化を人間の暮らしに利用する例として、畑の「土起こし」があります。これは畑の土を耕す目的で、冬に土を掘り返して塊のまま春が来るまで晒しておく作業です。こうすることで土の中の水分が凍結と融氷を繰り返して塊が砕かれていき、畑作に適した隙間のあるフカフカとした土になります。

塩の結晶が割る

物理的風化作用の最後に**塩類風化**（salt weathering）を紹介します。これは海水や地下水から析出した塩が周りの岩石の隙間を押し拡げて岩石を破砕する作用のことです。具体的な押し広げる仕組みには、結晶化した塩の熱による膨張、塩の水和作用による膨張、塩の結晶ができるときの圧力、などがあります。

塩類結晶に関連して起こる岩石の風化をまとめて塩類風化と呼びます。下の写真は、岩石の表面に見られる穴ぼこを撮ったものです。この穴は塩類風化によって岩石の表面にできたもので**タフォニ**（tafoni）と呼びます。タフォニは海岸でできることが多く、独特な形をしているためよく目立ちます。

ところで、タフォニって響きの良い用語だなあと私は思うのですが、これはコルシカ語あるいはシチリア語の「穴」を意味する Taffoni という言葉に由来するという説が

海岸に発達したタフォニ：中新統岬層（高知県室戸市）

あります。現地で使われている用語が、このように学術用語になることはしばしばあります。この穴について最初に学術的な研究をした学者もタフォニという名前が気に入ってそのまま使ったのではないかな、なんて私は勝手に想像しています。

② 化学的風化作用

　繰り返しになりますが、地表で見られる岩石の多くは地下でできた後に隆起や削剥によって露出したものです。地下と地表では環境が大きく異なります。まず、地下は基本的に深いほど温度と圧力が大きくなります。例えば、夏に洞窟や坑道の中に入ると涼しいですが、それは地表からせいぜい数十 m 程度の深さまでで、それより深くなると温度は上がっていきます。高温の温泉やマグマが地下から上昇してくることからも、それがわかります。温度や圧力だけでなく、地表付近には液体の水が大量にあり、地表面は大気と接しています。こうした異なる環境に鉱物が移動した場合、その一部は不安定になって、水や大気と、あるいは周りの鉱物同士で反応を起こして、地表の環境で安定な状態に変わります。これが**化学的風化作用**（chemical weathering、あるいは decomposition）です。

　化学的風化作用は、第 1 章で出てきた岩石の続成作用や変成作用と似ています。地質体は地殻変動に伴って、被覆、埋没、上昇、露出を繰り返すことで、温度、圧力、水や大気との接触関係が常に変化していきます。そうして右の図で示したように、続成作用、変成作用、化学的風化作用を起こすことで、その場その場での環境に応じた安定した姿へと変わり続けていくのです [9]。次に代表的な化学的風化作用を紹介します。

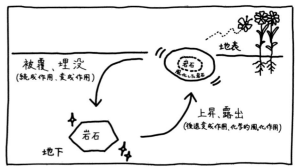

化学的風化作用と続成（変成）作用が繰り返すイメージ

鉱物は水と反応する

　岩石が地表付近の水の多い場所に来ると、鉱物と水の反応が起こります。その結果、水の一部が鉱物に取り込まれ、鉱物中のアルカリ金属（カリウムやナトリウム）やアルカリ土類金属（マグネシウムやカルシウム）が残りの水に溶け出すことがあります（例えば [10、124p]）。このような作用を**加水分解**（hydrolysis）と呼びます。

　加水分解において、液体の水が物質を溶かし込む力は大変強くて、地表で起こる岩石の化学反応では、鉱物中のカリウム（K）、ナトリウム（Na）、カルシウム（Ca）、マグネシウム（Mg）などは失われ、鉄（Fe）やアルミニウム（Al）は残ります。その結果、鉄やアルミニウムに富む粘土鉱物や水酸化物が生成されます（例えば [11、44p]）。

　加水分解の起こりやすさは鉱物によって異なります。右の図に岩石を作っている代表的な 8 種類の鉱物について、加水分解の起こりやすいものから並べてみました。この違いが、岩石中の不均質な風化を

代表的な鉱物の加水分解の起こりやすさの違い

[9] 吉田英一、2012 年、地層処分　－脱原発後に残される科学課題－。近未来社、168p。
[10] 赤井純治ほか、1995 年、新版地学教育講座 3　鉱物の科学。東海大学出版会、199p。
[11] 高谷精二、2008 年、技術者に必要な地すべり山くずれの知識。鹿島出版会、151p。

生みます。例えば、主に石英、斜長石、カリ長石、黒雲母からできている花崗岩は、地表に出ると石英以外の鉱物が優先的に加水分解を起こして粘土鉱物になり、右の写真のように岩体はボロボロに崩れていきます。一方で、石英は分解されずに硬いまま残ります。その結果、粘土鉱物粒子と石英からなる**真砂**（decomposed granite）と呼ばれる砕屑物ができあがります。このような花崗岩の風化を真砂化と呼びます。

真砂化した花崗岩 (米国 アイダホ州)

鉱物は水に溶ける

多くの鉱物は水に溶ける性質をもっています。これを**溶解**（solution）と呼び、特に溶けやすい鉱物として、塩化ナトリウム（NaCl）や方解石（$CaCO_3$）があります。塩化ナトリウムはいわゆる食塩あるいは岩塩で、まぎれもない鉱物です。右の写真は、海水を蒸発させて晶出した塩化ナトリウムの層です。天然でも海水や塩水が干上がってこのような食塩の層ができることがあり、これが地層として保存されると岩塩層となります。

塩田の例 (オーストラリア ピルバラ地方)

食塩や岩塩を水に入れると溶けます。このとき食塩は、

$$NaCl \rightarrow Na^+ + Cl^-$$

という反応でイオン化しており、その程度は水の pH や温度によって変わります。程度の違いはありますが、どの鉱物にもこのような溶解する性質があります。

主に方解石（$CaCO_3$）からなる**石灰岩**（limestone）も水に溶けやすい性質を持っています。方解石は以下の反応で水に溶けます。

$$CaCO_3 \rightarrow Ca^{2+} + CO_3^{2-}$$

鍾乳洞は、大きな石灰岩体の一部が水に溶けだしたり再結晶したりすることでできる洞窟で、方解石の水に溶けやすい性質によって作り出されます。右の写真は、高知県香美市に広がる巨大な鍾乳洞の1つである龍河洞です。日本には、大きな石灰岩体がたくさんあり、それに伴って鍾乳洞もたくさんあります。

鍾乳洞の例 (高知県香美市龍河洞)

空気に触れて酸化する

りんごの実の切り口をそのままにしておくと茶色になります。これは切り口で**酸化**（oxidation）が起こるためです。地表に出てきて空気と触れるようになった岩石の表面でも

酸化が起こります。例えば、岩石に含まれる鉄の化合物は酸化により赤茶けた色の酸化鉄や水酸化鉄を作ります。いわゆる鉄サビです。その他、硫化物は酸化によって硫酸塩となります。

　右の写真は、高知県室戸岬に露出しているはんれい岩体です。**はんれい岩**（gabbro）は花崗岩と同じく深成岩の1つで、花崗岩と比べて輝石やオリビン（かんらん石）などの有色鉱物の量が多い粗粒完晶質の岩石です。室戸岬のはんれい岩の表面の茶色くなっている部分をよく見ると、元々は黒色をしている鉱物が集まっています。この黒い鉱物は輝石で、鉄を含んでいるために地表では酸化して茶色い鉄化合物ができています。ただし、このときに先ほど紹介したマグネシウムやカルシウムの加水分解が同時に起こっている可能性もあります。

はんれい岩の表面で起こった輝石の酸化（高知県室戸市）

③ 生物風化作用

　生物あるいは有機体が活動した結果、岩石の表面や内部で破砕や化学反応が起こることがあります。物理的風化作用や化学的風化作用の中で、生物活動が大きく関わったものを特に生物風化作用と呼びます。例えば、バクテリアによる硫黄や鉄の酸化、菌糸類や地衣類による鉱物の破砕、藻類や蘚苔類による鉱物の変質、木の根の根圧による岩石の割れ目の拡大、穿孔貝による海岸の岩石への穿孔、などがあります。

　生物風化作用のいくつかは、生命活動に必要なエネルギーを得たり、棲み家を作ったりと、それを起こした生物にとって重要な活動です。一方で、生物自身にとってはあまり重要でなく別の目的の活動のおまけとして風化が起こる場合もあります。例えば下の写真は、岩体の上に集まった海鳥がした大量の糞によって岩体の上部が白くなっています。鳥やコウモリの

海鳥の糞で真っ白になった岩体（米国 カリフォルニア州 サンシメオン）

糞や死骸はリンを含むため、**グアノ**（guano）と呼ばれる肥料の資源として使われることがあります。このグアノは玄武岩やかんらん岩と反応してリン酸塩鉱物を作ることが指摘されています [12、13]。鳥やコウモリがリン酸塩鉱物の生成を目的としているわけではありませんが、これも生物風化作用の1つと言えます。

4）さまざまな風化作用が同時に起こっている

　地下深部と地表付近では環境が違うことで、地表付近まで上昇してきた岩石は風化していきます。その速さですが、これは条件によって大きく異なります。それでも、時間とともに地表付近では風化した岩石や表土の割合が多くなっていきます。この部分を**風化層**（weathered soil）と呼ぶことがあります。

　下に風化層の模式図を示しました [14]。深い方から順番に見ていきます。まず、風化層の最下部で起こるのは、主に物理的風化作用です。上昇によって岩石やその周囲における物理条件が変わることで岩石が破砕します。

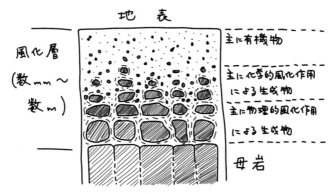

風化層の模式図　[14] を参考に作成

　破砕が起こった岩石はどうなるでしょうか。大きな変化の1つとして、その表面積が急激に増えることがあげられます。化学反応の多くは物体の表面で起こるので、表面積が増えることで反応の速度が大きくなります。飴玉を食べるときを想像してください。口に入れた飴玉を割らないように大事に食べると、ゆっくりと小さくなっていきます。それとは反対に、粉々に噛み砕くと口の中での味が濃くなる代わりに、たちまちなくなってしまいます。これは、噛み砕いた結果として飴玉の表面積が増えて、溶ける量が急激に大きくなったことが原因です。同じように、物理的風化作用によって岩石が細かく砕かれると、化学的風化が起こる速さが桁違いに大きくなるのです。

　化学的風化作用と同時に、破砕によって隙間や表面積が増えると生物活動も活発になり、生物風化作用も進行します。さらに、風化層の最上部にあたる地表付近では、地中での活発な生物活動に加えて、地上の生物の遺骸の堆積も起こります。そうして、風化した地質体と有機物が混ざった土壌が作られていきます。

　風化層の厚さは、風化の進む速さとできた風化物を侵食する速さとのバランスで決まり、数 mm から数 m であることが一般的です。

[12] Landis, C. A. and Craw, D., 2003, Phosphate minerals formed by reaction of bird guano with basalt at Cooks Head Rock and Green Island, Otago, New Zealand, Journal of the Royal Society of New Zealand, 33, 487–495.
[13] Smith, B. J., McAlister, J. J., Sichel, S. E., Angel, J., Baptista-Neto, J. A., 2012, Ornithogenic weathering of an ultramafic plutonic rock: St. Peter and St. Paul Archipelago, Central Atlantic, Environmental Earth Sciences, 66, 183–197.
[14] Ruxton, B. P. and Berry, L., 1957, Weathering of granite and associated erosional features in Hong Kong, Bulletin of the Geological Society of America, 68, 1263–1292.

5）地質調査でハンマーが必要なわけ

　地表に出ている岩石は大なり小なり風化しています。それは岩石が出てきた地表と、それまでにいた地下とでは環境が異なることが原因です。そして、岩石の風化と一口に言っても、そこには複数の現象が起こっている（作用がはたらいている）ことを紹介しました。

　では、ここでこの章のタイトルである「地質調査になぜハンマーを持っていくのか」という質問について考えます。地表に出ている岩石を観察する目的の1つは、その岩石のでき方を探ることです。その場合には、できた当時の状態を保っているものほど観察しやすいでしょう。というのも地表付近で起こった風化は、岩石ができたときの情報を上書きしてしまうからです。ですので、風化が起こっていない岩石を探したり、風化している部分を取り除いたりすることが有効です。そのためにハンマーを使って割ることで風化を受けていない部分を出すわけです。

　こういう理由から、地質調査をするときにハンマーは必須なのです。また、その際には同時に風化の特徴も観察することが、岩石のでき方とその後の履歴をより詳しく正確に知ることにつながります。

3. 境界はどこだ!? 決めるのはあなた!

　地質構造について、特徴をつかんで記載するにはコツがあります。地質体に限った話ではありません。生物や人工物でも構造を記載するときには、どこに注目するのかを意識することで取り組みやすくなります。特徴が見つかれば、それらの構造のでき方を考えるきっかけになります。

　そこでこの章では、まず地質構造を見つけるときのポイントをまとめます。その後に、地質構造を作る仕組みを紹介して、さらに、その一つである変形作用について少し詳しく取り上げます。

 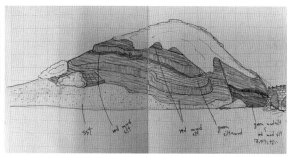

左：古第三系上甑島層群 (鹿児島県甑島列島中島)
右：左の露頭のスケッチの例

1) めざせ! スケッチ名人

　地質構造を記載するときのコツを一言で言うと、「地質体の境界を自分で決める」ということです。対象とする地質体の特徴を捉えるためによくスケッチをしますが、その際に境界を定めて強調して描くと見やすくなります。スケッチが上手な人は、意識的に、あるいは無意識のうちにそれができているのだと思います。

　では、境界となる特徴には何があるのか? 代表的なものをいくつか紹介していきます。

① 境界の種類

色の変わり目を見つける

　地質体の特徴で一番に目につくのは色 (color) で、その変わり目を地質境界とすることができます。例えば、右の写真はオーストラリアのピルバラ地方に露出してい

ピルバラ超層群マーブルバーチャート
(オーストラリア ピルバラ地方)

るマーブルバーチャートと呼ばれている**チャート**（chart）の地層です。マーブルバー（Marble Bar）は町の名前で、19世紀の終わりに西オーストラリアで起こったゴールドラッシュに関連してできたのだそうです。この町の位置は、オーストラリアを四国に見立てて例えると、愛媛県の松山市から砥部町のところにあたります。また、チャートとは90%以上が二酸化ケイ素（SiO_2、ガラスと同じ化学組成）からなる堆積岩のことです。このマーブルバーチャートは今から35億年前に堆積したと考えられていて、変成作用の影響がそれほど大きくない、つまり堆積時の情報を比較的よく保存している世界最古の堆積岩層の1つとして有名です（例えば[1]）。

　ここで見てほしいのは、チャートの色です。よく目立つので、その変わり目を地質境界と見なせます。境界の数は調査の目的と時間によって決めます。例えば右の写真に描き込んだように、「赤色（あるいは黒色）が多い部分」といった感じで全体を5つくらいに分けてもいいですし、色が変わるたびにもっと細かく分けることもできます。

　色にもとづいて境界を決めるときには、岩石の風化に注意してください。地表に出ている岩石は、化学的風化によって表面の色が変わっていることがあるからです（第2章参照）。岩石のでき方を調べたいときなどには、岩石形成後

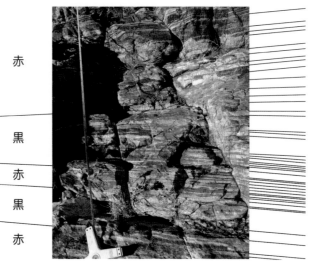

赤

黒

赤

黒

赤

カラフルなチャート（オーストラリア ピルバラ地方）

に起こる風化の影響は研究の妨げになりますので、他の特徴とは区別して記載します。

　もう一つ注意したいのは、岩石の成分のわずかな違いで色は大きく変わることがあるという点です。上の写真で見られる赤、黒、白の地層はいずれもチャートからなります。三価の鉄化合物（鉄さびの主成分）やマンガン化合物が多いと赤色に、二価の鉄化合物（砂鉄の主成分）や有機物がやや多いと黒色になり、どちらも少なくて二酸化ケイ素ばかりだと白色になります。ただし岩石全体の成分で言えば、色ほどの違いはありません。

　実習や野外活動で岩石を見るときに一番質問されるのが色についてです。やはり色はよく目立ちます。地質境界の基準としてもよく使われます。しかし、色以外の特徴にも注目できるようになると、地質構造の記載の幅がぐっと広がります。

手触りで違いを感じる

　昔のテレビ番組で、中の見えない箱に入っている物を手だけ入れて触り、それが何であるかを当てるというクイズを見たことがあります。解答者は恐る恐る触るわけですが、これは手の感覚が鋭いことを逆手に取ったゲームだと思います。他にも、磨いた面に指をあてて、その滑らかさを確かめることもあります。こういったわずかな違いを感じとることができる**手触り**（touch）も地質境界の決定に使うことができます。

　次頁の写真は、鹿児島県の薩摩硫黄島で撮影した露頭の1つです。薩摩硫黄島は鬼界カル

[1] 白尾元理・清川昌一、2012年、地球全史 写真が語る46億年の奇跡。岩波書店、190p。

長浜火砕流と長浜溶岩（鹿児島県薩摩硫黄島）

デラのカルデラ壁の一部が残ってできた島で、全体が火山体からできています。写真の露頭も火山噴出物からなります。近づいて見ると、写真の真ん中辺りを境にして上側では表面がボコボコしており、下側はそれに比べると滑らかです。触ると上側はゴツゴツ、下側はザラザラとしています。写真からでも表面の様子がわかりますが、手触りだと肉眼では見えないような小さな形状の違いまで判別できます。手触りが変わる部分は地質体を作っている粒子の特徴が変わる部分なので、そこを地質境界と定めるわけです。

起伏を探す

　手触りとも関連しますが、地質体ごとの**硬さ**（hardness）も地質境界として有効です。硬さは物理で言うところの強度で、ここではほぼ同じ意味で使います。硬さの異なる地質体が並んでいる場合、大抵は硬い方が出っ張って、軟らかい方が引っ込んでいます。

　右の写真では、出っ張っている部分は白くて粗い粒が見える層、削られている部分は全体に灰色でのっぺりしている層に、それぞれ対応します。ですので、この場所では色でも、手触りでも起伏でも、ほぼ同じ場所に境界が決まることになります。場合によっては草木に覆われて、地質体の色が見えなかったり手触りが確認できなかったりするかもしれません。そんなときでも、起伏を地質境界の基準にできることがあります。

新第三系白浜層群（静岡県下田市）

粒子の特徴に注目する

　地質体の多くは粒子の集合体です。そこに注目して、**粒子**（particle）の種類・大きさ・形・向きの違いから地質境界を定めることもできます。

　右に示した露頭

新第三系白浜層群（静岡県下田市）

は、さまざまな大きさの礫や砂が固結した堆積岩が露出しています。砕屑物の大きさは全くのバラバラではなくて、左上から右下の方向にはおおよそ同じサイズのものが並んでいます。そこで、砕屑物のサイズが変わる部分を境界として、この堆積岩をいくつかの地層に分けることができます。なお、この地質境界は砕屑物の堆積過程を反映した構造だと考えられます。

先ほどの例よりも、もっと細かい違いもあります。離れたところからではよくわからなくても、右の写真のように近づくと粒子サイズの違いに気がつくこともあります。レンズキャップの径が 10 cm 程度で、写真に写っている粒子は数 mm 以下です。わずかな違いではありますが、横方向に同じサイズの粒子が並んでいます。そして、写真の中央部は粒子がやや粗くて、その上下はより細粒です。

細かい

粗い

細かい

粗い

長浜火砕流と長浜溶岩 (鹿児島県薩摩硫黄島)

この粒子のサイズの違いを地質境界と考えて、堆積の過程でできた構造だと解釈できます。

細長い粒子や平べったい粒子であれば、粒子の向きを基準にして境界を定めることもできます。下の写真は、アクリル容器にお米を敷き詰めて、壁を動かして水平方向に短縮させた実験です。米粒は向きがわかりやすいように、細長い品種を使っています。実験の動画を web サイトに掲載していますのでご覧ください。目印として青く色付けした部分を見ると、はじめは水平で平らだった層が曲がっていく様子がわかります。

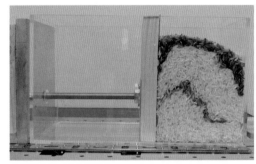

米粒を使った地層の変形実験 (高知大学理工学部)

では、色以外の構造は何かあるでしょうか。それは、米粒の向きです。実験をはじめる前は、ほとんどの粒が水平に横たわっていますが、変形が進んでいくと斜めや縦になっていくものがあります。また、向きを変えた粒たちは、ある程度まとまったり並んだりしています。写真右は、変形後の様子を拡大したものです。それぞれの粒の向きはさまざまであるものの、右上から左下にかけて縦になった粒が並んだ帯ができています。色の違いによる境界を斜交して、粒の向きの違いによる境界ができています。色付けしていない米粒のみで行った実験の動画も web サイトに掲載しました。一部の粒子が回転していく様子がわかります。

こういった粒子の特徴が変わる部分は、たいてい地質体の形成や変形に関係していて、地質境界の基準として有効です。

割れ目で分ける
地質体に発達する**割れ目**（fracture）は、露頭でよく目立ちます。割れ目は、それを境に必ずしも地質体の特徴が変わるわけではありませんが、目的によっては地質境界と見なすと便利です。割れ目からは地質体の変動履歴を考えることができ、その特徴については第 4 章と第 5 章でより詳しく扱います。

② 境界の形を記載する

面構造と線構造
ところで、地質境界になりうると紹介した特徴は、いずれも面状の広がりを持っています。地質体は 3 次元的なので、それを分ける境界は面となるためです。このような地質境界になりうる面状の広がりを持つ特徴を**面構造**（foliation）と言います（例えば [2、37p]）。片仮名で「フォリエーション」と呼ぶこともあります。層理面や割れ

平らな層理面の上を歩く（スコットランド ケイスネス）

目は代表的な面構造です。例えば、右上の写真にはゆるく傾いた層理面が広がっています。この写真の崖のように、面構造はある方向だけから見ると線あるいは筋のように見えますが、3 次元的に見ると面状の広がりを持っています。

それに対して、見かけの上で線というだけではなく、3 次元的に見た場合でも線状の広がりを持っているものを**線構造**（lineation）と呼びます（例えば [2、37p]）。片仮名で「リニエーション」と呼ぶことも多いです。

米国 カリフォルニア州 デスバレー
国立公園のレーストラック・プラヤ

真ん中の写真は、アメリカ合衆国のデスバレーで撮ったもので、泥の上を石が移動することでできた跡が見えます [3]。こういった跡は線構造と言えます。引きずった跡の他にも、細長い鉱物の配列や生痕化石の一部なども線構造を作ります。

右の写真は砂岩層を下から撮影したものです。底についている筋のような模様は、砂が堆積したときの流れが当時の水底を削ることでできた跡だと考えられています。これも線構造の 1 つです。

古第三系 − 新第三系日南層群（宮崎県日南市）

[2] 狩野謙一・村田明広、1998 年、構造地質学。朝倉書店、298p。
[3] Norris, R. D., Norris, J. M., Lorenz, R. D., Ray, J., Jackson, B., 2014, Sliding Rocks on Racetrack Playa, Death Valley National Park: First Observation of Rocks in Motion. PLoS One, 9, e105948.

少し脱線しましたが、面構造なのか線構造なのかは、その構造のでき方を考えるときに役立ちます。では次に、定めた地質境界の幾何学に注目しましょう。

境界はどこまで広がっているか？

トリアス系 - ジュラ系グレンキャニオン層群（米国 ユタ州）

　まずは、定めた境界の**空間的な広がり**（spatial distribution）を調べます。ごく限られた範囲にしか認められない境界もありますし、上の写真のように数十 km 以上にわたって延々と連続する境界もあります。また、表土や植生など何かに覆われていたり、どこかに埋没していたりする部分では、境界の広がりを連続して見ることができません。そういう場合は、より広い範囲の観察から見えない部分を推定します。

境界面はどんな形をしているか？

　境界がある程度の空間的な広がりをもつ場合には、その**形**（shape）も大切です。真っ直ぐなのか、曲がっているのか、波打っているのか、そういったところに注目します。

　例えば右の写真では、崖に堆積岩が露出しています。礫をたくさん含んだ（白っぽい点々が見える）上側の層と砂を主体とする（黄土色でのっぺりとして見える）下側の層との間を境界にすると、この境界は全体としてはほぼ水平方向に連続しますが、細かく辿っていくとずいぶん波打っています。こういった特徴も、この境界ができたときの状況が反映されているはずなので、できるだけ詳しく記します。例えば、「この境界は波打っている。波長は数十 cm から 3

中新統 – 鮮新統プリッシマ層と第四系堆積物
（米国 カリフォルニア州）

m で不規則である。振幅も不規則で 10 cm から 1 m の幅を持つ」といった感じに、数値まで入れて記述すると具体的になります。

境界面がどちらに傾いているか？

　境界がある程度の広がりを持っていて、なおかつ方向が（多少のゆらぎがあるとしても）一定ならば、その**姿勢**（attitude）を測ります。現場ではコンパスと傾斜計を使ったアナロ

グ測定をよくします。右の写真は、野外実習で露頭に見えている層理面（写真の左上から右下にかけて見える縞模様）の方向を地質調査用コンパスを使って測る練習をみんなでしている様子です。

新第三系安房（あわ）層群（千葉県鴨川市）

③ 地質境界が複数ある場合の記載

地質境界を複数決めた場合は、個々の境界の特徴に加えて、境界同士の関係も記載します。本が並んだ棚を思い浮かべてください。本は全部で何冊あるのか、本ごとの厚さや大きさは一緒なのかまちまちなのか、並び方は整っているのか乱れているのか、そういった情報があるほど、その本棚の様子がよくわかるのと同じです。

境界同士の間隔

例えば境界同士の関係として**間隔**（spacing）があります。先ほどの本棚の例えでいくと、本ごとの厚さにあたります。「〇〇m間隔」ということに加えて、間隔が一定である、規則的に変わっていく、不規則である、といったところまで記載します。

上部白亜系和泉層群（徳島県鳴門市）

境界たちのばらつき具合

右の写真のように、方向がばらつく地質境界もあります。**ばらつき具合**（dispersion）は見落としがちですが、地質境界のでき方について意外な発見につながることがあります。記載の仕方として、定性的に「揃っている」や「ばらついている」でも有意義ですが、例えば境界ごとの方向を測って平均と標準偏差を出すなど統計的な情報を求めることで、より客観的で具体的な情報になります。

白亜系田ノ浦火成複合岩体（香川県小豆島）

異なる境界の切断関係

複数の地質境界が交わっている場合には、両者の**切断関係**（cross-cut relationship）を調べます。それらの境界ができた順番を考えるための重要な情報です。この場合、一方を切っている方が、より後からできた地質境界だと判断します。

練習問題として、右の写真に何種類の地質境界を認めることができるか、それらの切断

上部白亜系姫浦層群と中新統火成岩脈（鹿児島県下甑島）

地質境界の切断関係の例

関係も含めて考えてみてください。

　左の写真に切断関係の順序の例を書き込みました。このように、切断関係は相対年代の1つとして活用できます。相対年代にしても放射年代にしても専門的な知識や装置を必要とすることが多い中で（第1章14頁参照）、切断関係による相対年代の認定は、注意深い観察のみでできる、原始的とはいえ有効な方法です。

2）境界はどのようにしてできたのか？

　観察するポイントが意識できると、地質境界をどんどんと定められるようになります（きっと）。そして、境界の特徴を（無理にでも）記載すると、それらがどのようにしてできたのか自然と気になってきます。

　地質境界をつくる作用は複数あり、ここでは代表的な5つの作用を紹介します。

堆積作用でできる

　地球、月、火星といった固体天体は、地面付近でその一部が削剥されて、運搬、そして別の場所に堆積、といった運動が起こります。また、地面が水などの液体と接しているところでは、溶解、移動、沈殿も起こります。これらのはたらきをまとめて**堆積作用**（sedimentation）と呼ぶことにします。

　地質境界の中には、特徴の異なる粒子の層が重なることでできる層理面など、堆積作用によってできるものがあります。なお、堆積作用によってできた模様や形を**堆積構造**（sedimentary structure）と呼びます。線状や面状をした多様な堆積構造が知られており、それぞれ分類や研究がされています（例えば [4]）。右の写真では、異なる堆積作用によって複数の地質境界ができています。

堆積と侵食（高知県安芸市八流海岸）

火成作用でできる

　マグマの形成や移動、さらにマグマが冷えて火成岩ができていくはたらきを**火成作用**（igneous activity）と呼びます。火成作用によっても地質境界ができることがあり、その一部は第8章で取り上げます。

キラウェア溶岩（米国ハワイ島）

[4] 伊藤 慎 総編集、2022 年、フィールドマニュアル　図説　堆積構造の世界。朝倉書店、210p。

ハワイ島は現在も活発な火山噴火が起きており、地表のいたるところで噴出したばかりの溶岩を見ることができます。溶岩は、表面形態の特徴からガサガサとした**アア溶岩**（aa lava）と滑らかな**パホイホイ溶岩**（pahoehoe lava）の2種類に分けられます。前頁下の写真で示すように、両者の違いは遠望でもわかるほどの地質境界を作ります。

変成作用でできる

　変成作用（第1章18頁参照）によっても地質境界が作られることがあります。変成作用は大きな力がはたらいている状態で起こることが多く、異方的な（方向によって大きさが異なる）力がかかる場所では、鉱物の再結晶とともに岩石がつぶれたり伸びたりズレたりして、さまざまな線構造や面構造ができます。

変質作用でできる

　岩石が溶液と反応して鉱物組成や組織が変わることを**変質作用**（alternation）と呼びます。前述の変成作用と似ていますが、地表付近で起こる、つまり温度と圧力が地表とそれほど差がないことと、溶液の関与を重視することの2点において、変成作用からは区別します。ただし、どちらと判断するか難しい場合も少なくありません。第2章で扱った化学的風化作用も変質作用の1つと言えます。

　さて、変質作用によっても地質境界ができることがあります。右の写真に示したのは、高知県室戸沖の南海トラフで掘削された泥岩です。この中で茶色に見える部分は泥が堆積した後に熱水と反応して変質作用を起こした箇所です [5]。

変質作用の例：IODP 第 370 次航海において南海トラフで掘削されたコア試料

変形でできる

　変形（deformation）によっても地質境界ができることがあります。割れ目は変形でできる地質境界の代表です。変形に起因する模様や形をまとめて、**変形構造**（deformation structure）と呼びます。

　構造地質学（structural geology）は地質構造を扱う分野ですが、伝統的に変形構造を主な対象とする傾向があります。これは、堆積作用については**堆積学**（sedimentology）、火成作用や変成作用については**岩石学**（petrology）、変質作用については**応用地質学**（applied geology）、といった別の分野で扱うことが多く、地質体の変形に関する分野を構造地質学という名前で呼ぶようになったのではないかと、私は考えています。ただし、これらの分野の境界ははっきりしたものではなく、実際には複数の分野にまたがる対象も多くあります。

3）岩石は変形する

　地質体は変形します。その中でも岩石は一般に硬いにもかかわらず、できた後に大きく形を変えていることがあり、なぜそのようなことが起こるのかあらためて気になります。そこで、第4章以降は岩石の変形構造を話題の中心とします。その前に、岩石がどのように変形

[5] Tsang, M., Bowden, S. A. et al., 2020, Hot fluids, burial metamorphism and thermal histories in the underthrust sediments at IODP 370 site C0023, Nankai Accretionary Complex, Marine and Petroleum Geology, 112, 104080.

しているのかをここで取り上げておこうと思います。

　変形という言葉は日常生活でも使いますので、この本での変形の意味を押さえておきます。この本では変形を、位置・方向・体積・形の4要素からなる物体の変化、と定義します。また、この中で体積と形の2要素について、その変化を歪み（strain）あるいは狭い意味での変形とします。歪みについては第6章や第10章でも取り上げます。

・変形を2種類に分ける

　変形は物体に力がはたらくことで起こります。力がはたらいても全く歪まない物体を**剛体**（rigid body）と呼びます。いかにも硬そうな呼び方です。自然界には厳密な意味での剛体は存在しないのですが、剛体として扱っても議論に差し支えないくらい硬い物体はあります。剛体以外の物体はかかる力に応じて歪みます。

　ここで、変形構造の特徴を考えるため、変形を大きく2つに分類します。1つは**弾性変形**（elastic deformation）、もう1つは**非弾性変形**（anelastic deformation、あるいは non-elastic deformation）です。それぞれ説明していきます。

① 地震は弾性変形で起こる

　物体は力がかかると変形します。その中で、かかっている力が取り除かれると元の状態に戻る変形を弾性変形と呼びます。ゴムは目で見て弾性変形がわかりやすい物質の1つです。程度は小さいですが岩石や金属のような硬い物質も弾性変形を起こします。塊ではわかりにくいですが、棒やバネや板のように細長いあるいは平べったい形をしているときは、風で木がしなったり大きなトラックが通って橋が揺れたりするように、弾性変形が強調されます。地震も主に岩石が弾性変形することで起こる現象です。岩石の変形が全て非弾性であれば、いくら地球のプレートが移動しても地震は起こりません。

　弾性変形を原子スケールで考えてみましょう。原子同士が結合して物質を作っている様子を思い浮かべてください。その原子間がまさにゴムのように伸び縮みするのが弾性変形と言えます[6、3p]。結合とは、自然科学では原子や分子がくっつくこと、あるいはくっついている状態のことを意味します。ここで「くっついている」とは、肉眼では隙間が見えないくらい近づいていて（通常 0.1–0.2nm（ナノメートル））、その距離が簡単には変わらない状態のことを意味します。弾性変形の場合、変形の前後でその結合状態は維持されます。

② 岩石に記録されるのは非弾性変形

　弾性変形ではない変形は、全て非弾性変形と呼びます。何かを二分するときは、「A」と「非A」にすると漏れがなくなります。さて、非弾性変形を大ざっぱに言うと、肉眼スケールで見たときに力を除いても元の状態には戻らない変形のことです。原子スケールで考えると、変形の前後で結合の状態が何らかの変化をします。

　ところで、物体によっては、力を取り除いたときに、ある程度は戻るけど、すっかり元通りにはならないものもあります。それは、この物体の中で弾性変形と非弾性変形が同時に起

■[6] 唐戸俊一郎、2011年、現代地球科学入門シリーズ14　地球物質のレオロジーとダイナミクス。共立出版、245p。

こっていると考えることで説明できます。このあたりが一筋縄でいかないところです。

　例えば、何かが当たって物体が凹んだなら、それはその物体で非弾性変形が起こったことを意味します。そのときに音も聞こえたならば弾性変形が起こった証拠となります。物体あるいは当たった何かのどちらか、あるいは両方が弾性変形に伴って振動し、それが空気に伝わることで音が生じるからです。つまり、ほとんどの変形は同時に複数のことが起こっており（形も変わるし音も聞こえるから）、我々はその合算を見聞きしているわけです。

　非弾性変形は変形の前後で結合の状態が変わるのですが、変わる過程や変わり方の具合によって、さらに分類することがあります。この変形の過程や仕組みのことを変形機構（deformation mechanism）と呼びます（例えば [7、44–88p]）。片仮名で「ディフォメーション・メカニズム」と呼ぶこともあり、こちらの方が意味はわかりやすいかもしれません。変形機構の具体例をいくつか紹介します。

破壊：結合の分断

　破壊（failure）は日常生活でも使う言葉ですが、変形機構の１つとして用いることもあります。いろいろな場面で使うそれぞれの意味を全てひっくるめた破壊を「広い意味での破壊」あるいは「緩い定義の破壊」とすると、変形機構に対して学術的に用いる破壊は「狭い意味での破壊」あるいは「厳格な定義の破壊」と呼ぶことができます。

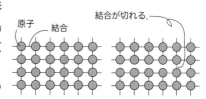
破壊のイメージ

　物質を作っている原子間の結合に強いエネルギー（力や熱）がかかった結果、その結合が切れることがあります。結合が切れるというのをもう少し厳密に言うと、２つの原子間にはたらく力が著しく小さくなるということです。このような現象を狭い意味での破壊と呼びます。右上の図にそのイメージを示しました。また、破壊した部分は右の写真のように割れ目となって目立つことが多く、割れ目が生じることを指して破壊と呼ぶこともあります。

破壊したアスファルト（福岡県福岡市）

　破壊については、この後の第４章で取り上げます。

摩擦すべり：弱結合部のすべり

　物体中や物体間の非結合部、あるいは弱結合部がずれて変形することがあります。この変形機構を**摩擦すべり**（frictional slip）と呼びます。摩擦すべりも日常生活において身近で、それでいて奥深い現象です（例えば [8、51p]、[9、90p]）。例えば、右の写真は乾燥した

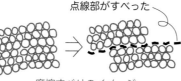
摩擦すべりのイメージ

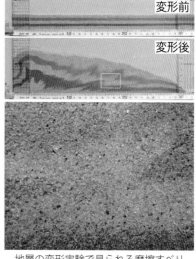
地層の変形実験で見られる摩擦すべり
（高知大学理工学部）

[7] 金川久一、2011 年、現代地球科学入門シリーズ 10 地球のテクトニクス II　構造地質学。共立出版、253p。
[8] C.H. ショルツ 著、柳谷 俊・中谷正生 訳、2010 年、地震と断層の力学　第二版。古今書院、448p。
[9] 大中康誉・松浦充宏、2002 年、地震発生の物理学。東京大学出版会、378p。

石英の砂の層を壁に水平に押し付けて変形させた実験です。万年筆のインキで砂の一部を色付けしており、ズレが目立ちます。近づいて観察すると、一部の砂と砂の間で摩擦すべりが起こることでズレが生じているのがわかります。摩擦すべりについては第5章でもう少し詳しく扱います。

溶解−析出クリープ：液体への溶解と析出

　液体（水やマグマ）への溶解と析出によって起こる変形を、**溶解−析出クリープ** (dissolution-precipitation creep) と呼びます。これは日常生活ではあまり聞かない用語です。**クリープ** (creep) はゆっくりずれるという意味です。摩擦すべりや破壊と違って、ゆっくりと変形していくことからそう呼ぶのだと思います。なお、この言葉には「陰気な者」という俗語的な意味もあって、「Creep」というタイトルのレディオヘッド（Radiohead：イギリスのロックバンド）の人気曲があります。

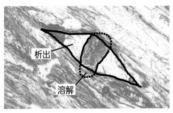
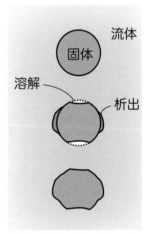

左：三波川結晶片岩を使った石碑（愛媛県久万高原町）　中：三波川結晶片岩に見られる溶解-析出クリープ
右：溶解-析出クリープのイメージ

　上の写真の右の図は、溶解−析出クリープの概念図を示しています。岩石が温度も圧力も高い状態におかれると、その鉱物の周囲で図に示したような部分的な溶解と析出が起こります。その結果、全体で見ると変形が起こっています。真ん中は、実際に溶解−析出クリープが起こった岩石の顕微鏡写真です。鉱物の周りに新しい小さな鉱物の集合体ができています。これによって、全体で見たときには写真の左上から右下に沿った方向に伸びています。

転位クリープ：結合のつなぎ変え

　岩石の中で結合のつなぎ変えが起こることがあります。これを**転位クリープ** (dislocation creep) と呼びます。右図はその概念を示しています。鉱物結晶は原子が規則的に配置していますが、ところどころに配列の欠陥があります。このうち、線状の欠陥のことを**転位** (dislocation) と呼びます。

　2列に並んだフォークダンスで隣の列の人と手をつないだ状態を原子の結合と考えると、手をつなげない人が

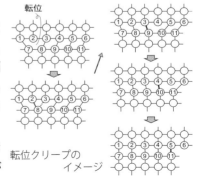

転位クリープの
イメージ

いるところが欠陥になります。どちらかの列の人数が多いとかで、手をつなげない人が何名も並んでいれば転位がある状態に似ています。そんな状態において、手をつなぐ相手を次々と変えていくことで手がつながっていない場所が動く、さらにはダンスしている2列の隊形が変わっていくことが転位クリープにあたります。ちょっとわかりにくい例えだったかもしれません。

拡散クリープ：原子の拡散

原子配列の中で、特定の原子が時間とともに広がっていくことがあります。これが起こると、物が移動しているわけなので物体が変形します。このような変形を**拡散クリープ**（diffusion creep）と呼びます。

コーヒーにミルクを入れたときを想像してください。ミルクは徐々に拡散していきます。Webサイトに動画も掲載しましたので参考にしてください。固体と液体の違いがありますが似た現象ですし、簡単にできる実験なので、興味を持った方はぜひ試して観察するとイメージしやすくなると思います。

融解と昇華：岩石からマグマやガスへの変化

物質が固体から液体や気体へと変化すると、形が大きく変わります。つまり、**融解**（melting）や**昇華**（sublimation）による変形です。岩石からマグマへの変化が代表的な例です。融解や昇華した物体は形を大きく変えるだけでなく、大きな移動を短時間で起こすようにもなります。

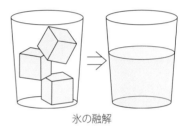

氷の融解

4）その境界を決めるのは、あなた

この章では、地質境界となりうる特徴やそのでき方を紹介してきました。ここで取り上げたのは、その一部で他にもまだまだあるでしょう。そもそも、境界に決まった答えはありません。地質境界は自然が用意しているものではなくて、観察者である私たちが目的に応じて適宜定めていくものだ、ということを私は強調します。本を読んだり話を聞いたりすると、まるで事実として境界があるかのように感じますが、実はそうではないのです。誰かが定めることで境界は作られます。

このことは、何を基準にしてどこを地質境界とするのかは、観察者の工夫次第であることを意味します。ぜひ、そういう目で地質体だけに限らず自分の身の周りにあるものを眺めて、境界を作ってみてください。この章で紹介したことも一例に過ぎません。最終的にその境界を決めるのは、あなたです。難しいときには、スケッチが上手な人に「どこに線を引いたの」と訊ねてみるのもいいでしょう。スケッチの上手い人は、きっと境界作りの名人です。

4．ズレが目立たない割れ目：節理の話

　境界を決めると地質体同士の関係、つまり地質構造が見えてくるという話を第3章でしました。また、地質構造のでき方には複数の作用があることも簡単に紹介しました。それらの中の変形作用によってできた構造に注目して、ここからはそのいくつかを章ごとに少し詳しく紹介していきます。まず、この章で取り上げるのは**節理**（joint）です。

1）節理は見た目で決まる

　節理は大雑把に言うと、岩石が**破壊**（failure）したときにできる割れ目のことです。もう少しきちんと定義すると、「地質体中に破壊によって生じた面構造のうち、変位が肉眼では目立たないもの」のことを節理と呼びます。

　この定義のポイントは成因（何故できたのか）を含まないところです。というのも、節理に限らず地質構造の成因を考えるには、大抵の場合で解釈を入れる必要がある上に、その解釈は簡単にはできないことが多いからです。1つの面構造の成因についても、それがわからないとか観察者によって意見が分かれるといったことは珍しくありません。それに対して、「破壊によってできた」そして「変位が目立たない」といった特徴は、肉眼観察のみから判断できることが多く、観察者同士で意見が割れることもそれほどありません。こういった理由から上記のような定義を与えています。

　見た目の特徴だけで定義する方法は節理以外の地質構造でもよく使われます。まずは見た目で分類し、そこから成因など解釈の部分を含めてより細かく分類していくのです。これは、地質体のような天然物を対象とするときには便利で使い勝手が良い方法なのです。

節理に必要なもの
　次に節理の要素について説明します。ここで要素とは、対象とする物を形作っているもののことです。節理であるために必要なもの、とも言えます。

　節理の要素は割れ目のみです。ただし定義にしたがって、この割れ目は破壊によってできていること、そして変位が目立たないことが必要な条件です。このような割れ目を**節理面**（joint surface）と呼びます。先ほどの定義の話でいけば、「これは節理です」と言い切るためには節理面を見つける必要がありますし、破壊でできた目立った変位がない面が認定できれば、それを節理だと言えるわけです。

　節理面は面構造の1つです。面構造は物理量をいくつか持っており、例えば、面の方向、表面の起伏、変位のしやすさ、などがあります。節理面もこれらの物理量を持っています。面の方向は「面の姿勢」と呼ぶこともあり、**走向**（strike）や**傾斜**（dip）を使えば数値で表すことができます（例えば [1]）。走向は「面構造が水平面と作る交線の方位」と定めるのが

■[1] 天野一男・秋山雅彦、2004年、フィールドジオロジー1　フィールドジオロジー入門。共立出版、168p。

一般的です。そして、北から○○°東、あるいは西の方向に振れた方位として表します。別の方法として、北から時計回りに○○°振れた方位、という表し方もよく使われます。また、傾斜は水平を0°、鉛直を90°として、水平から○○°鉛直方向に向かって傾いているという方法で表すのが一般的です。表面の起伏は様々ですが、節理が発達する地質体の性質を反映していることが多いです。

変位のしやすさは強度と呼び、これは2種類に分けると考えやすくなります。まず、ある面を直交する方向に広げるのに必要な力を**引張強度**（tensile strength）と呼びます。割れ目であれば、割れ目を広げて隙間を作るのに必要な力が引張強度です。もう1つ、面構造と平行に変位する、つまりズレるのに必要な力を**ずれ強度**（frictional strength）あるいは剪断強度と呼びます。

節理面は割れ目による面構造の1つです。割れ目の多くは、引張強度もずれ強度も、周りの部分に比べると著しく小さい"弱面"です。節理も地質体における弱面として機能することがよくあります。一度開けたペットボトルのフタが開閉しやすいように、硬いものでも割れた後はそれまでに比べて簡単に形が変わります。これは、割れ目が弱面としてはたらいているためです。

要素以外の用語

要素以外にも、節理について記述や議論をするときに便利な用語があります。

右図で示したように、節理が発達している地質体について、節理面よりも上側の部分を**上盤**（hanging wall）、下側の部分を**下盤**（footwall）と、それぞれ呼びます。なお、節理が鉛直の場合はどちらの側が上（あるいは下）ということはないので、上盤も下盤もありません。実際には、節理が鉛直に近い姿勢をしている場合も上盤と下盤を決めるのが難しいので、例えば「東側の盤」のように方位で示すこともあります。呼び方に決まりがあるわけではなく、相手に伝わるように状況に応じた呼び方で構いません。

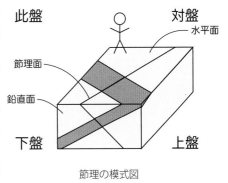

節理の模式図

上盤と下盤以外に、観察者である自分を基準にする方法もあります。その場合、自分が立っている側を**此盤**（observer side）、反対側を**対盤**（opposite side）と呼びます。自分がどちらに立っているかによって1つの側が此盤にも対盤にもなるのが面白いところで、これは現場で調査しているときなどに役に立つ呼び方です。

節理に類似する用語

繰り返しになりますが、節理は平たく言えば「変位の目立たない割れ目」のことです。しかし、そのような割れ目であっても慣習的に別の名前で呼ぶものもあります。このあたりがややこしいところです。本や論文を読むと、変位の目立たないこと以外にも特徴があり、むしろそちらを強調したいときに使われている場合が多いように感じます。いくつか具体例を紹介していきます。

代表的なものに**劈開**（cleavage）があります。劈開は地質学以外の分野でも使われる言葉で、

切り開くとかひびが入って割れること、またそのようにしてできた割れ目、といった意味があります。これらに加えて、地質学では「岩石に二次的に生じた緻密な面構造」という意味で使われます。つまり、緻密な節理に対して劈開と呼ぶことがあります。

複数の方向の割れ目：古第三系室戸層（高知県室戸市）

左は高知県室戸市の海岸に露出する頁岩（けつがん）（shale）の写真です。頁岩とはペリペリと本の頁（ページ）のようにはがれる特徴を持った泥岩のことです。写真の頁岩を見るといくつかの方向に面構造が発達しています。大きく４つの方向が見えますので、番号をつけて説明していきます。

①の面は、そこを境に堆積層の粒子のサイズが変わっている層理面です。残りの②-④の面構造は割れ目です。結論から言うと、これらのうち④を劈開と呼びます。④の方向の面構造は、肉眼で見たときにおおよそ1cmの間隔で同じ方向にたくさん発達しています。

写真の頁岩の一部を研究室に持って帰って、岩石薄片を作って顕微鏡で拡大して観察すると、鉱物が④と同じ方向に並んでいます。頁岩を作っている主な鉱物の1つとして粘土鉱物（第2章参照）があります。粘土鉱物は平べったい形や細長い形をしているものが多く、そういった形の粒子は一定の方向に並びやすい性質があります。鉱物が一定の方向に並ぶと、その方向は他の方向に比べて強度の小さい弱面となります。すると、岩石に力がかかったときに、その方向が選択的に割れます。新聞紙は紙の繊維が同じ向きに並んでいるため、まっすぐに破れやすい方向とそうでない方向とがありますが、これと同じ仕組みです。また、頁岩中の粘土鉱物は1つ1つが小さいので、割れ目の間隔が狭くなります。

このようにしてできた割れ目を特に**スレート劈開**（slate cleavage）と呼びます。スレートとは、頁岩よりもさらに剥離性の発達した泥岩のことで、粘板岩とも言います。ある割れ目を見てこれがスレート劈開だと判断するには顕微鏡などで鉱物の配列と割れ目との関係を確認する必要がありますが、慣れてくると肉眼で見たときの割れ目の間隔や他の構造との関係から経験的に推定できることが多くなります。ただし、論文や報告書でできるだけ客観的な判断が求められる場合には、顕微鏡などでその特徴を確認する必要があります。また、ここで説明した基準も実際には厳密な線引きはなく、②や③を劈開と言っても間違いとは言えませんし、④を節理と言っても間違いではありません。

余談ですが、別の構造に対しても劈開という言葉は使われます。例えば、下の写真はアクアマリンという鉱物の結晶です。薄い水色をした美しい結晶の中に、よく見ると細かい筋が入っています。このように、結晶の中には特定の方向に筋が発達するものがあり、この筋も劈開と呼びます。先ほどの岩石に発達する劈開と区別するために、鉱物劈開と呼んでもいいでしょう。鉱物劈開は、原子配列における原子間距離の違いによって見えるもので、割れ目ではありません。しかし、他の部分に比べて結合が弱いため、鉱物は劈開に沿って割れやすい性質があります。

鉱物劈開の例：広島花崗岩から産したアクアマリン

劈開以外の用語として、右の写真に見られるような空間的な広がりが小さい割れ目を**クラック**（crack）と呼ぶことがあります。クラックも節理や劈開と明瞭に区別されているわけではありません。ただ、割れ目の連続が数 m 以下のものや割れ目の方向が不規則なものを、地質学ではそう呼ぶことが多いように私は感じています。

クラックの例：白亜紀四万十付加体横波メランジュ
（高知県土佐市）

右の写真はアスファルトの道路にできたクラックの例です。握りこぶしより一回り大きいくらいの高まりができて、その頭の部分に割れ目ができています。このような、広がりが確認できて方向が不規則なものは慣習的にクラックと呼びます。この高まりのでき方が面白いので、本筋から離れますがちょっと紹介します。まず、アスファルト全体が下にあった土砂の流出によって沈みます。その時に流れずに残った比較的大きな礫が、下がってきたアスファルトを突き破って頭を出すことで、これらのクラックはできました。その証拠に、出っ張っている部分のクラックの隙間から中を覗くと、高まりと同じく

クラックの例その 2 （埼玉県秩父市）

らいのサイズの礫が確認できます。また、よく見ると溝のように陥没している部分もあります。これは、周りに比べてより多くの土砂が流れ出た場所にあたります。

２）節理の特徴

ここまで節理の定義や用語について説明しました。用語を作ることで特徴を記述しやすくなります。そこで次に、節理の特徴について見ていきます。

特徴１：変位がほとんどない

節理の一番の特徴は変位がほとんどないことです。特徴というよりも、そういう割れ目を節理と定義したので、条件といった方が近いかもしれません。

右は長崎県の五島列島に露出している砂岩層の写真です。横方向に層理面が見えます。また、層理面に切られるように左上から右下に向かって下に凸の筋模様（実際は面構造）があります。これは**斜交層理**（cross bedding）あるいは**斜交葉理**（cross lamina）と呼ばれる堆積構造の 1 つです。ここで注目してもらいたいのは、層理面や斜交葉理を切る左上から右下の方向に見え

堆積構造を切る節理：中新統五島層群
（長崎県五島列島福江島）

ている割れ目です。割れ目の周りの堆積構造から考えると、観察している面における変位はないか、あってもわずかです。実際には複数の方向から観察する必要がありますが、割れ目に沿った変位がほとんどないことが確かめられれば、めでたく節理だと認定できます。

　この写真のように目印があると簡単なのですが、適当なものがなくて変位の有無がよくわからない場合も少なくありません。なお、割れ目に沿ってズレている構造は**断層**（fault）と呼びます。節理と断層は見た目は似ていますが、変形の量はずいぶん違います。断層は第5章で取り上げます。

特徴2：羽毛状構造ができていることがある

　変位（ズレ）がないことと関係しますが、節理面の上にはたまに**羽毛状構造**（plumose structure）と呼ぶ起伏が見られます。右の写真は、砂岩の節理面に発達した羽毛状構造の例です。鳥の羽根のような模様をしていることから、この名前がついています。変位の有無がわからないときでも、観察した面に羽毛状構造がついていたら、その面は少なくともできたときには節理面だったと言えます。

　ここで「少なくとも」とつけたのには理由があります。それは1つの面構造が、はじめは節理としてできて、その後しばらくしてからズレて断層

羽毛状構造の例：古第三系 - 新第三系日南層群
（宮崎県日南市）

となるような場合があるからです。節理に限らず、面構造は長い時間の中で複数の異なる変形を起こすことがあります。こういった面構造は、節理とも断層とも言えます。また、ある特徴から節理だ（厳密には節理だった）と言えても、だから断層ではないとは言い切れないのです。

　節理は地質体が破壊することでできます。破壊は、破壊面全体で同時に起こるのではなくて、どこかの一点から始まります。そして、その破壊点が周りへと広がっていった結果、破壊面となります。岩石の場合、破壊は秒速数 km ほどの速さで伝播していきます。羽毛状構造は、引張破壊で起こる破壊の開始と伝播によってできると考えられており、破壊の開始点から放射状に筋が広がっています。ただ、この筋模様ができる詳しい過程についてはまだよく分かっていません。羽毛状構造と同じように、過程や成因についてはよくわかっていないところもあるけれど、なにかの指標として有効であったり、社会生活で有用であったりというのは、構造地質学を含む科学全般でよくあることです。

特徴3：複数で集まっていることが多い

　節理に見られるもう1つの特徴は、複数で集まっていることが多いことです。節理は1条、2条と数えていきますが、1条だけでできていることは少なく、似た特徴を持った複数条で集まっていることが多いのです。似た特徴を持って集まっている複数の節理たちのことを、**節理系**（joint system）と呼びます。

　次頁の写真には、AとBの2つの方向にそれぞれ複数の節理が発達しています。2つの方向の節理群を個別に見ると、それぞれは割れ方や方向といった特徴が似ているので、この写

真には２つの節理系があると考えること
ができます。さらに、これら２つの節理
系について、方向は違うものの割れ方や
できた時期などから両者の成因が同じだ
と判断できれば、これらを１つの節理系
とまとめて考えても良いでしょう。

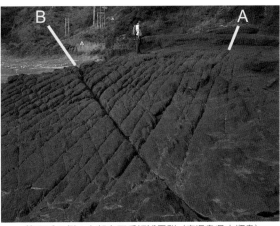

実際には、複数の節理が発達している
のを見たときに、無意識のうちに似てい
るとか似ていないと判断していることも
多いです。そのような場合でも、節理系
と判断した（または節理系ではないと考
えた）理由を記述しておくと、節理系の

節理系の例：上部白亜系姫浦層群（鹿児島県中甑島）

空間的な広がり、形成過程、成因などを考える際に役立ちます。

３）節理の分類

さて、特徴がつかめてくると、それにもとづいて節理を分類できるようになってきます。
分類は、右下の図のように成因と形状にもとづくのが一般的です。

節理は割れることでできる構造で
す。割れるといって思い出すのは第
２章で紹介した物理的風化作用です。
実際に節理の多くは物理的風化作用
によってできます。したがって、成
因にもとづいた節理の分類には、物
理的風化作用の分類との共通点があ
ります。

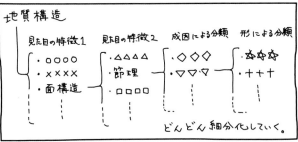

地質構造の分類のイメージ

圧力の解放で割れる

上昇や削剥による圧力の解放、つまり除荷によって地質体が割れてできる節理を、**除荷節
理**（unloading joint）と呼びます。除荷節理の中でも、地形面と平行にできるものを特に、シー
ティング節理と呼びます。アメリカ合衆国カリフォルニア州のヨセミテ国立公園に露出して
いる中生代の花崗岩に、見事なシーティング節理が発達していることを第２章で紹介しまし
た。

冷えて縮んで割れる

物理的風化作用の１つに熱膨縮がありますが、温度変化の中でも特に地質体が冷えて縮む
ときに節理ができることが多く、これを**冷却節理**（cooling joint）と呼びます。冷却節理は、
形状にもとづいてさらに細かく分類して呼ぶのが地質学では一般的です。例えば、平板状に
発達した冷却節理を**板状節理**（platy joint）と呼びます。

香川県の小豆島では美しい板状節理を見ることができます。高知から小豆島には、高速バ

スで2時間ほどかけて高松まで行き、JR高松駅のすぐ近くにある高松港からフェリーに乗って約1時間で着きます。右の写真は、寒霞渓（かんかけい）スカイライン沿いの露頭です。安山岩の溶岩が出ていて、ほぼ水平方向に面構造が見えます。節理とは別の話ですが、小豆島の安山岩には特徴的にマグネシウムの量が多いものがあります。叩くと美しい金属音がすることから「かんかん石」とも呼ばれます。この安山岩は、西南日本の島弧発達を考える上で重要な岩石だと言われています（例えば [2]）。

板状節理の例：中新統讃岐層群（香川県小豆島）

　さて、右の写真は先ほどの安山岩溶岩を近くで見たものです。写っているレンズキャップの直径は約10cmです。水平方向の面構造は、横方向に連続性にやや乏しくてふにゃふにゃしている節理であることがわかります。この節理は、噴出した（噴出当時この場所は海底だったと考えられています）溶岩が冷えたときに縮んでできたと考えられています。ただ実は、板状節理の

板状節理の例：中新統讃岐層群（香川県小豆島）

でき方について詳しいことはわかっていません。

　冷却節理でもう1つよく見られるのが**柱状節理**（columnar joint）です。柱状節理は特徴的な多角形で発達し、下の写真のように節理面に囲まれた部分が柱のような形をしています。柱状節理も板状節理と同じく、マグマが冷えていく過程でできる場合が多く、過去の火山体でよく見られます。自然にできたとは思えない印象的な見た目から、柱状節理が発達している岩体は観光地になっていることも多いです。

柱状節理の例　左：北薩火山岩類（鹿児島県いちき串木野市）右：新第三系白浜層群（静岡県下田市）

■ [2] 巽 好幸、2003年、安山岩と大陸の起源—ローカルからグローバルへ。東京大学出版会、213p。

乾いて縮んで割れる

　スメクタイトなど乾燥によって体積が変わる鉱物を含む泥や泥岩は乾燥収縮をする、という話を第2章でしました。田んぼや畑でも見られる現象です。そのときにできる割れ目を**乾燥節理**(desiccation joint、あるいは desiccation crack)と呼びます。片仮名でディシケーションクラックと呼ぶことも多いです。また、節理と考えてよいのですが、ジョイントではなくクラックと呼ぶことがほとんどです。これは、多角形状に割れることにもよるのだと思いますが、節理やクラックの言葉の意味が曖昧であることの表れでもあります。

　第2章(27頁)ではアメリカ合衆国カリフォルニア州のデスバレー国立公園に発達したディシケーションクラックを紹介しました。

乾燥節理を自分で作る

　デスバレーまで行くのはちょっと大変ですが、乾燥節理は家で作ることができます。使うのは片栗粉と水だけです。

　まず、ビーカーに片栗粉と水をおおよそ1：1で入れます。これを乾かすと片栗粉が縮んで、上手くいくと乾燥節理ができます。ただし、何日もほったらかしにするとカビが生えてしまいますので注意してください。ドライヤーを当てたり、ホットプレートで温めたりすると短時間で乾きます。右の2枚

片栗粉で作った乾燥節理（高知大学理工学部）

の写真は、乾かした後の様子です。きれいな節理系ができています。取り出してみると、先ほどの柱状節理と同じような柱の形をした構造ができていて、ちょっと感動します。

　この実験は簡単にきれいな乾燥節理ができて面白いのですが、もうひと手間加えることで理解がより深まります。先ほどの写真は、左右で乾かす速さを変えています。2つの実験で割れ目の間隔が違い、ゆっくりと乾かした右側の方が割れ目の間隔が大きくなっています。これは、天然の乾燥節理や柱状節理でも同じらしく、節理の間隔から乾燥や冷却の速さについての情報を得る研究もされています[3]。

4）岩石はどれくらいの力がかかると割れるのか

　では、ここからは少し違う視点で節理を見ていくことにします。節理を作る主な地質体は岩石です。そこで、岩石が節理を作るとき、つまり破壊するときにどのくらいの力がかかっているのかについて、原子間の結合から考えていきます。

原子間の結合を切るのに必要な力

　原子スケールで見た場合、破壊は原子間の結合が切れることだと説明しました（第3章45頁）。これに従って、原子間の結合を切るのに必要な力を考えます [4、112-116p]。次頁の図の右上のイメージを見てください。ここでは2つの原子について、はじめは距離 d_0 で結合していたのが、距離 d_1 に変わったときに結合が切れたとします。

[3] Toramaru, A. and Matsumoto, T., 2004, Columnar joint morphology and cooling rate: A starch-water mixture experiment. Journal of Geophysical Research, 109, B02205.
[4] Suppe, J., 1985, Principles of Structural Geology, Prentice-Hall, Inc., 537p.

2つの原子が数Å（オングストローム：10^{-10}m）以下の大変近い距離にあるとき、お互いがくっつこうとする力（引力）と離れようとする力（斥力）が大きくはたらきます。このとき原子間距離をrとおいて、例えば引力はrの7乗に、斥力はrの13乗にそれぞれ反比例すると近似して、右の図のように表します。ここで、AとBはそれぞれ定数です。原子間にはたらく力はこの引力と斥力の合計となり、これを原子間力と

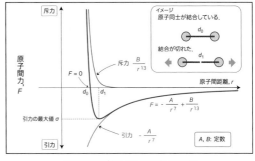

原子間距離と原子間力の関係

してFとおきます。そして、斥力を正として縦軸に原子間力Fを、横軸に2つの原子間距離rをそれぞれとって、両者の関係を示したのが右の図の赤い線です。

公称歪みとヤング率Eの定義

先ほどのグラフで、原子間距離rがd_0のときに、引力と斥力が釣り合って、原子間力Fが0になります。rがd_0よりも短くなると、斥力の方が大きくなり原子同士は離れようとします。反対に、rがd_0よりも長くなると、引力の方が大きくなって原子同士は近づこうとします。つまり、原子間は距離がd_0のときに安定しており、そこから近づけるにしても遠ざけるにしても力をかける必要があり、力が取り除かれれば元の距離d_0に戻るのです。バネみたいですね。この状態を2つの原子が結合していると考えます。

上の図でd_0のごく近くの範囲に注目すると、d_0からの距離に応じて原子間にかかる力が直線的に大きくなるのがわかります。つまり、距離に比例して元に戻ろうとする力が大きくなることを意味します。これはまさに、バネの動きで教わるフックの法則に対応する部分で、弾性変形の範囲に対応します。岩石を含むほとんどの物体が小さな変形で弾性を示すのは、この仕組みで説明できます。

では、原子同士をうーんと引っ張って、d_1よりも離すとどうなるでしょうか。すると引力ははたらくものの小さくなり、力を取り除いてももはや元の原子間距離までは戻りません。つまり非弾性変形を起こします。これが原子スケールで見たときの破壊にあたります（第3章45頁）。物体にかける力を大きくしていくと、あるところで破壊するのは日常生活でも体験できます。このとき、結合を切るのに必要な力は原子間距離がd_1の時にかかる原子間力で、上の図ではσ（シグマ）としました。

ようやく目的と結びつきました。岩石が破壊するのに必要な力の大きさを知りたかったのでした。つまりこれは、原子間力Fにおける引力の最大値σの大きさを求めればよいことになります。

それではσを求めていきましょう。そのために言葉の定義をいくつかします。何かを記述するときはつねに定義（言葉の説明）から始まります。面倒くさいですが、各部品をきちんと整備してから組み立てをはじめるようなものかもしれません。

まずは、公称歪みをε（イプシロン）として原子間距離rと結合距離d_0（原子間力が0のときの原子間距離）を使って、

$$\epsilon = \frac{d_0 - r}{d_0}$$

と定義します。

そして、$\varepsilon \fallingdotseq 0$ における公称歪みに対する原子間力 F の変化をヤング率 E として、

$$E = \frac{dF}{d\epsilon}$$

と定義します。

原子間力 F を近似する

次に、原子間力 F と原子間距離 r の関係式を作ります。56 頁に示したグラフ全体でみた場合には、

$$F = -\frac{A}{r^7} + \frac{B}{r^{13}}$$

となるのですが、ここで知りたいのは σ の大きさであることから、σ を使った式に書き換えます。

書き換える際、原子間距離 $d_0 \leqq r \leqq d_1$ における原子間力 F の形に注目します。この部分だけ見ると右の図のように正弦関数のグラフの形に似ていますよね。高校の数学で出てきた、$y = a \sin bx + c$ という形です。似ていないと思うという声も聞こえてきそうですが、そうなのだと近似します。今の目的は σ のおおよその大きさを知ることで、それが達成できるのであれば原子間力 F の式は r の一部の範囲だけを切り出して近似しても構いません。

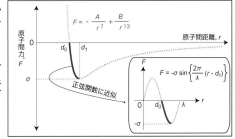

原子間距離と原子間力の関係式を求める

そこで、$d_0 \leqq r \leqq d_1$ の範囲について、

$$F = -\sigma \sin \left\{ \frac{2\pi}{\lambda} (r - d_0) \right\}$$

と近似します。目的に向かった対象範囲の思いきった制限と、式の大胆な近似、この 2 つをできるかが今回の導出のポイントです。

原子間力の近似式を書き換える

それでは、作った近似式を変えて σ の大きさを見積もります。

上の式を書き換えて、

$$\begin{aligned}
F &= -\sigma \sin \left\{ \frac{2\pi}{\lambda} (r - d_0) \right\} \\
&= -\sigma \sin \left\{ \frac{2\pi}{\lambda} d_0 \frac{(r - d_0)}{d_0} \right\} \\
&= \sigma \sin \left\{ \frac{2\pi}{\lambda} d_0 \frac{(d_0 - r)}{d_0} \right\} \\
&= \sigma \sin \left(\frac{2\pi d_0}{\lambda} \epsilon \right)
\end{aligned}$$

とします。式を変える途中で、公称歪みの定義、

$$\epsilon = \frac{d_0 - r}{d_0}$$

を使いました。ちょっとややこしいですが、1 行ずつどこが変わっていっているのか確認していってください。なお、このように式の形を変えていくことを、一般には「式を変形する」とか「式変形」と言いますが、この本では地質体の変形と混乱してしまいそうなので、「式を変える」と表現することにします。続けましょう。上の原子間力 F の式を、ヤング率 E の定義に代入すると、

$$
\begin{aligned}
E &= \frac{dF}{d\epsilon} \\
&= \frac{d}{d\epsilon}\left\{ \sigma \sin\left(\frac{2\pi d_0}{\lambda}\epsilon\right) \right\} \\
&= \sigma \frac{2\pi d_0}{\lambda} \cos\left(\frac{2\pi d_0}{\lambda}\epsilon\right)
\end{aligned}
$$

となります。高校数学で出てくる三角関数の微分を使いました。この部分は式が変わった結果だけを確認していただいても構いません。

ここで、$d_0 \leqq r \leqq d_1$ はものすごく小さい距離であることを思い出してください。そこで、公称歪み ε はほぼ 0、すなわち $\varepsilon \fallingdotseq 0$ と考えます。すると、

$$
\begin{aligned}
\cos\left(\frac{2\pi d_0}{\lambda}\epsilon\right) &\approx \cos 0 \\
&= 1
\end{aligned}
$$

なので、ヤング率 E を次のように簡単な式に変えることができて、

$$
\begin{aligned}
E &= \sigma \frac{2\pi d_0}{\lambda}\cos\left(\frac{2\pi d_0}{\lambda}\epsilon\right) \\
&\approx \sigma \frac{2\pi d_0}{\lambda} * 1 \\
&= \sigma \frac{2\pi d_0}{\lambda}
\end{aligned}
$$

となります。

ここまでくれば、あと少しです。上の式を変えて、原子間力 F における引力の最大値 σ を表すと、

$$
\sigma \approx \frac{\lambda E}{2\pi d_0}
$$

ここで、$\lambda \fallingdotseq d_0$ とします。これは λ と d_0 の値の差はせいぜい数倍程度で桁違いに異なることはないという意味です。思いきったどんぶり勘定です。すると σ は、

$$
\begin{aligned}
\sigma &\approx \frac{\lambda E}{2\pi d_0} \\
&\approx \frac{d_0 E}{2\pi d_0} \\
&= \frac{E}{2\pi}
\end{aligned}
$$

と簡単な式で近似することができます。

そして、原子間のヤング率 E は $10-1000\,\mathrm{GPa}$ 程度であることを使い、また $\pi=3$ として

計算すると、

$$\sigma \approx \frac{E}{2\pi}$$
$$\approx 2 - 200\mathrm{GPa} = 2 \times 10^3 - 10^5\mathrm{MPa} = 2 \times 10^9 - 10^{11}\mathrm{Pa}$$

となります。

　以上の結果より、岩石中の原子間の結合を切るのに必要な引っ張る力は、理論的には2GPaから200GPa（2万から200万気圧）と見積もられます。これがどのくらい強いのか私はピンと来ませんが、ここで大事な点は理論的な求め方です。特に、考える距離を限定してから正弦関数に近似するところが物理としてのコツでした。こういうことが自分でもできると、写生とはまた違った形で自然の一部をスケッチすることになります。

5）しかし実際の岩石はずっと脆い

　さて、それではこのようにして求めた岩石の引張強度はどのくらい妥当なのでしょうか。それは簡単に確かめられます。実際に実験室で岩石を引っ張って破壊して、そのときの力を測ればいいのです。そのようにして測定した結果、現実の岩石の引張強度は、理論的に求めた強度よりもはるかに小さい（10MPa以下のことが多い）ことがわかります。2桁から5桁も小さいので、文字通り桁違いに弱いわけです。

　それはなぜでしょうか？　これは面白いテーマですし、地殻の強度や岩石やコンクリートを材料に用いる建築や土木工学の分野にとっても考慮すべき課題です。

　この疑問に対して、みんなの意見が一致する答えはまだ出ていないのですが、有力な説として、岩石の中には目に見えないほど小さな割れ目がたくさん存在していることが影響していると考えられています。この場合、外部から加えられた力がその割れ目に集中します。そうすると割れ目で新たな結合の切断が起こり、より大きな割れ目そして全体の破壊へとつながっていくのです。

　この説が本当だとすると、岩石の強度やあるいは破壊を考えるときには、岩石の化学組成や化学式から見積もられる理論的な強度だけでは十分な理解に辿り着かないことになります。対象とする岩体それぞれについて目に見えないような細かな割れ目の影響を考慮する必要があるのです。それが、点ではなく空間（の不均質）を扱うややこしいところであり、面白いところです。

5. ズレが目立つ面構造：断層の話

1）断層はなぜ fault（失敗）と呼ばれるのか

　剪断とは、物理的に言うと「速度の勾配があること」で、別の言い方をすれば「ズレること」です。岩石がズレることで、断層（fault）ができます。断層は、見た目の派手さ、社会への影響、学術的な面白さ、のいずれも兼ね備えた、構造地質学のスターともいうべき構造です。日本の地質構造 100 選 [1] の半数以上が断層に関連したものであることも、そのことの表れだと思います。そのような断層ですが、よくよく考えていくと、地質構造を断層とそれ以外の構造とに分けるのは簡単でないことがわかってきます。言い換えると、きちんとした定義がなかなか難しいのです。この章では断層の特徴と同時に、それを伝えることも目指して話をします。

　断層は、元々は炭鉱で使われていた用語です。断層以外にも炭鉱や鉱山で使われていたのが学術用語として定着した用語はいくつもあり、語源を調べていくと地質学って日常生活とつながっているのだと感じます。

　スコットランドの地質学者であったチャールズ・ライエル（Charles Lyell、1797–1875 年）が 1834 年に書いた「地質学原理」の第三版（Principles of Geology, 3rd ed.）では、断層を次のように説明しています。

> Fault, in the language of miners, is the sudden interruption of the continuity of strata in the same plane, accompanied by a crack or fissure varying in width from a mere line for several feet, which is generally filled with broken stone, clay, etc.
>
> 断層とは炭鉱で使われる用語であり、連続する一つの地層が突然切れることを指し、微小なサイズから数フィート程度の幅を持つクラックや裂け目を伴い、大抵それらの割れ目では破壊された岩石や粘板などの充填が起こっている。（拙訳）

　当時の炭鉱では地下で石炭層を掘り進んでいく方法が一般的でした。断層によって地層がズレていると、掘っていた石炭層が途切れてしまい、それを「fault（失敗）」と呼んでいたのが始まりなのでしょう。この現場用語が地質学全般で使われるようになり、研究の進展とともに定義も変わってきたのだと思います。

露頭で見られる断層の例：古第三系上甑島層群
（鹿児島県上甑島）

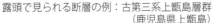

[1] 日本地質学会 構造地質部会 編集、2012 年、日本の地質構造 100 選。朝倉書店、171p。

断層は定義づけが難しい

　現在は、断層をどのように定義するのでしょうか。さきほど、断層のきちんとした定義は難しいと書きました。このことについて少し考えてみます。例えば、高校の地学の教科書を見ると、図を添えた上で次のように書いてあります。

　「岩石中の割れ目に沿ってずれた構造。」

　この説明はどうでしょうか？　かなりの人が断層をイメージできるのではないでしょうか。簡潔でわかりやすいと私も思います。けれども、この定義だと例外が出てしまいます。例えば、岩石以外のものにだって断層はできることがあります。地震のときにたまに地表に出てくる断層は粉粒体である土壌をズラしています。海底や湖底の堆積物にも断層があることが知られており、固まっていない砂や泥を岩石と呼んでいいのか悩ましいところです。また、割れ目以外の境界にも断層はできます。一例として地下深くの温度や圧力が高い環境では、岩石は目に見えるような割れ目は作らずに、でも面構造を作ってそれに沿った変位をします。こういうのも断層として扱いたいです。

　このように、「岩石中の割れ目に沿ってずれた構造」では扱いたい全ての断層を取り込みきれず、不完全な定義と言わざるを得ません。とはいえ、上記の定義で大概の断層は説明できますし、わかりやすくて実用的です。それなのに、重箱の隅をつつくような細かいことに私がこだわるのには理由があります。それは、学術的だけでなく社会的にも断層か否かを問われる場面がしばしばあるためです。しかも、そういう場面で出てくる構造は、上記の定義では説明しきれないグレーな構造であることが多いのです。さらに読者の中には、特に地球科学を勉強している学生さんは将来その判断に迫られる立場になる人もいるかもしれません。

　そういう場面では、できる限り私たちのイメージと言葉の定義を近づけた方が意思の疎通がうまくできます。断層のような自然の構造を、言葉で過不足なく説明することは難題で、厳密に定義することは実際にはできないだろうと私は考えています。しかし、曖昧な部分はできるだけ少なくしておきたい。そういう気持ちから、もう少し厳密な定義を目指そうと思います。

　ここでは、断層を「地質体のずれた部分」と定義します。もう少しかしこまった書き方では、「板状あるいは面状の地質境界のうち、境界と平行方向の変位成分を持つもの」とします。「ずれた面、あるいは、ずれた板」というのがポイントです。節理と同じく、断層の定義も過程や原因は問いません。

　この断層の定義は、いくつかの文献を参考にして私なりに考えたものです。参考として、他の文献で書かれている断層についての説明をいくつか挙げておきます。

・岩石の破壊によって生ずる不連続面のうち、面に平行な変位のあるもの。(地学団体研究会編「新版 地学事典」)
・岩石中の破断面のうち、その面に沿って面と平行な変位（移動）が認められるものを断層（fault）と定義している。(狩野謙一・村田明広著「構造地質学」)
・岩石や地層が破壊されて、両側の部分がずれ動いたものが断層である。(友田好文 松田時彦編「高等学校 地学 IB 改訂版」啓林館)
・地層や岩石に割れ目を生じ、これに沿って両側が互いにずれている現象。(新村 出編「広辞苑 第六版」)
・断層（だんそう、英：fault）とは、地下の地層もしくは岩盤に力が加わって割れ、割れ

た面に沿ってずれ動いて食い違いが生じた状態をいう。（ウィキペディア）

・A discrete surface or zone of discrete surfaces separating two rock masses across which one mass has slid past the other. (Neuendorf, Mehl, and Jackson Edit., "Glossary of Geology Fifth Edition")

　実際に、1つの言葉や概念をよりよく知ろうと思ったら、このように複数の人の考えを読み聞きして、白黒はっきりしている（厳密な）部分と、グレーな（曖昧な）部分とを見極めていく必要があるように私は思います。

断層を作る要素

　次に、断層を作る要素を説明します。

　要素の1つは、**断層帯**(fault zone)あるいは**断層面**(fault plane)です。節理面と同じように、方向や摩擦係数などの物理量を持っています。断層は地質体がズレているわけですが、このズレている部分はある程度の厚みがあり、それが板状に広がっています。この部分を断層帯と呼びます。断層帯は幅が数mm以下のこともあれば数十mに達することもありますが、断層の広がり（ずれが生じている範囲）に比べると薄いことが一般的です。また、面と見なしても差し支えない場合は断層面と呼びます。ただし、厚みのないように見える断層でも顕微鏡で見ると数十ミクロンから数百ミクロンの幅を持っている場合がほとんどです。この章では、特に断らない限り、断層帯と表記します。

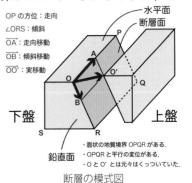

OP の方位：走向
∠ORS：傾斜
$\overline{OA}$：走向移動
$\overline{OB}$：傾斜移動
$\overline{OO'}$：実移動

水平面
断層面
下盤
上盤

・面状の地質境界 OPQR がある.
・OPQR と平行の変位がある.
・O と O' とは元々はくっついていた.

鉛直面

断層の模式図

　断層のもう1つの要素は変位です。断層は断層帯と平行な方向にずれており、これを変位と呼びます。右上の図でOとO'が元々くっついていた場合、線分OO'が変位となり、これを**実移動** (net slip) と呼びます。実移動はベクトル量です。すなわち、大きさと向きを持っており、複数の成分に分けて記述することができます。例えば、上図のように、実移動OO'は水平面に平行な線分OAと鉛直面に平行なOBの2つに分解できます。この場合、それぞれを走向移動および傾斜移動と呼びます。

　このように、断層には断層帯と変位の2つの要素があります。そして、これらの情報を数値化して断層を定量的に記述することが可能です。例えば、「北緯○○度および東経△△度に位置し、北から□□度だけ東方向の走向で水平面から××度だけ下に傾いた姿勢で、走向移動☆☆ m、傾斜移動◇◇ mの断層」といった具合です。こうすることで、かなり具体的にその断層の様子を表現できます。

実移動の決定は至難の業

　ところが、ここでまた1つ問題があります。実際に断層を観察するときに、断層帯の位置や走向傾斜は測定できても、実移動がわからないことが多いのです。それは、上図のOとO'のような、元々はくっついていた部分を見つけることが大変難しいからです。次頁の写真は台所用のスポンジを切ってズラしたものです。左側のスポンジは元の形を頼りに実移動がわかります。しかし、ズラした後にさらに両側を切った右のスポンジの実移動は簡単にはわか

りません。そもそもこれが断層だということにも気がつかないかもしれません。露頭で見る断層も右のスポンジと同じように、変位した後で侵食されていることがほとんどで実移動を測りづらいのです。

侵食されると実移動の決定が難しい

　実移動がわからないときはどうすれば良いでしょうか。一般には**隔離**（separation）と呼ばれる距離を測って代わりとします。隔離とは、現地での観察面のような任意の面における見かけ上のズレの距離のことです [2、16p]。下に模式図を示しました。観察面によっては隔離と変位とで、向きも大きさもまったく異なることがあります。先ほどのスポンジの写真の場合、どんなに水平にズレていても鉛直面における隔離は0です。

　地質調査に慣れていても、しばしば隔離と変位（実移動）を間違えて記述してしまいます。特に、長期にわたる調査で疲れているときや、大発見をして興奮しているときなどに、こういった間違いが起こります。その結果、誤った結論を導いてしまうこともありますので、つねに気をつけるようにします。

　隔離以外にも断層に関連した用語があります。断層を挟んだ両側の地質体を呼び分けたい際、節理と同じように、断層帯よりも上側の部分を上盤、下側の部分を下盤と、それぞれ呼びます。断層帯が鉛直の場合、どちらの側が上ということ

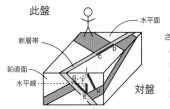

此盤　　　水平面
断層帯
鉛直面
水平線

対盤

さまざまな隔離
CD：断層走向隔離
EF：鉛直隔離
EG：鉛直面における断層傾斜隔離
HI：鉛直面における層理面隔離

隔離の模式図

はなく、上盤も下盤もないことも節理と同様です。また、観察者である自分を基準にして、自分が立っている側を此盤、反対側を対盤と呼びます。さらに、特徴が似ている、あるいは成因や変位した時期が同じと考えられる複数の断層の集まりを断層系（fault system）と呼びます。いずれも節理の場合と同じです。

2）自分で基準を作って断層を分類しよう

　断層も他の地質構造と同じく、いろいろな分類基準を考えることができます。節理と比べると要素が多い分、基準もたくさん作ることができそうです。自分の説明したい断層が他の人にうまく伝わるように、新しい基準で分類してもよいです。自分で基準（ルール）を作ることは、それを理解することにもつながりますので、ぜひやってみてください。参考、というわけではありませんが、よく使われる分類の例をいくつか紹介します。

① 断層帯（断層面）の特徴にもとづく分類

　要素の1つである断層帯の特徴にもとづいて分類する方法があります。この場合、断層帯が持つ物理量（姿勢、強度に関する特徴、色、など）を基準にとります。

　低角な断層は見つけにくい
　例えば断層帯の傾斜角に注目して、低角の（水平に近い）ものを**低角断層**（low-angle

[2] 狩野謙一・村田明広、1998年、構造地質学。朝倉書店、298p。

fault）と呼ぶことができます。

　右に示したのは低角断層の例で、スコットランド北部のベンモアスラスト（Ben More Thrust）という断層の露頭写真です。イギリス北端部の田舎ですが、この低角断層によって地質的に有名な場所です（写真に写っている湾（グレンドゥ湖：Loch Glendhu）で捕れるエビやロブスターも有名です）。

　さて、その断層がどこにあるかわかるでしょうか？ これは少し意地悪な問いで、写真からだけでこの断層を見つけることはまず無理です。地質学者たちも、この断層の存在に長年

ベンモアスラスト　スコットランド ユナプールの
グレンドゥ湖

気づきませんでした。地層があることに気づいた読者もいるかもしれませんが、実はベンモアスラストも地層と平行にできています。写真に、断層の位置や地層の情報を書き込みました。

　ここに断層があると考えられるようになったのは、地層のできた年代がわかってからです。写真に書かれた3つの地層の名前の下に示した数字は、それらの地層ができた年代（堆積年代や変成年代。第1章参照）で、「Ga」というのは「10億年前」という意味です。見かけの重なりで、一番下と一番上にある地層はどちらも28–31億年前にできた変成岩でルイス片麻岩と呼ばれています。それに対して、真ん中にあるのはカンブリアンクォーツァイトと呼ばれる堆積年代が約5億年前の地層です。5億年前でもものすごく古いですが、ルイス片麻岩に比べればずっと若いです。つまり全体では、サンドウィッチのように古い地層の間に若い地層が挟まれている構造を、この地層はしています。これをもとに太い線で示した部分はベンモアスラストと命名され、古くて深い場所にあったルイス片麻岩がカンブリアンクォーツァイトの上に重なった断層だと解釈されています。

高角断層はわかりやすい

　低角断層とは反対に、傾斜角が大きい（鉛直に近い）断層を**高角断層**（high-angle fault）と呼ぶことができます。

　右に示したのは、アメリカ合衆国のユタ州に露出しているモアブ断層（Moab fault）の露頭写真です。国立公園内にあり露出も良いことから、この断層も有名です。地層の変位が目立つのでわかりやすいです。複数の断層が見えますので、これらをまとめてモアブ断層系と呼ぶこともできます。目的によっては、例えば断層系の中の1つの断層に特に注目して話をする場合などは、それに新たに別の名

トリアス系モエンコピ層中のモアブ断層
米国 ユタ州 アーチーズ国立公園

前（"モアブ第 7 断層"とか）をつけることで伝わりやすくなることがあります。ただし、名前のついた断層の数が多くなったり、1 つの断層を人によって異なる名前で呼んだりすると、却ってわかりにくくなります。断層に限った話ではありませんが、名前をつけるのは必要最小限に止め、すでに名前がつけられている場合には、できるだけそれを踏襲して混乱を避けるようにしましょう。

傾きが変わっていく断層

断層の中には、場所によって傾斜角の変わるものがあります。特に、地下の浅いところでは高角で深部ほど傾斜が緩くなっていく断層が多く見つかっています。そのような断層を**リストリック断層**（listric fault）と呼ぶことがあります。リストリックとはギリシャ語でシャベルの意味です。シャベルの形あるいはシャベルで掘った跡の形をしていることに由来しています。

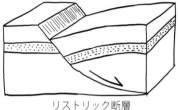

リストリック断層

② 変位方向にもとづく分類

次に、断層のもう 1 つの要素である変位を使った、あるいは変位方向にもとづいた分類を紹介します。

正断層の認定は意外と面倒くさい

正断層（normal fault）とは、大雑把に言えば、上盤が下盤に対して相対的にずれ下がった断層です。ほとんどの場合において、この定義で問題ありませんが、走向移動の割合が大きい断層も対象にしてしまいます。そこで、細かな話をするときには、もっと厳密に線引きする必要があり、例えば次のような定義を与えます。

正断層

傾斜移動が次の 2 つの条件を満たす断層を正断層とする。

・走向移動よりずっと大きい
・上盤が相対的に下がっている

これでも「ずっと大きい」という部分に曖昧さが残ります。もっと厳密にすることが必要な場面では、「傾斜移動が走向移動の 10 倍以上ある」など適宜決めることもできます。注意しておくことは、厳密な定義ほど対象物が定義に従っているかを判断するのに手間と時間がかかることです。そこは二律背反、トレード・オフです。

前の頁に示したモアブ断層は、姿勢に注目すると高角断層と言えます。一方で、変位方向に注目すると上盤がずり落ちた正断層です。でもちょっと待ってください。先ほどの定義の厳密さに関係しますが、正断層の厳密な定義に従うと、この写真からだけではモアブ断層が正断層だという判断はできません。傾斜移動に加えて、写真からはわからない走向移動（写真の奥方向の変位）の情報も必要だからです。3 次元的な情報にもとづいて正断層なのかを慎重に判断する必要があります。意外と面倒くさいのです。

しかし、示している写真しかない、といったように情報が限られていることもよくありま

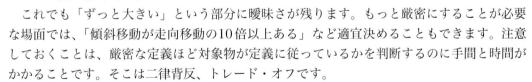

す。その場合「この写真からは正断層とは言い切れない」と意固地になるよりも、例えば「この写真において"見かけ正断層"」と言えば、より特徴が伝わりやすくなりますし、正確さも損なわずにすみます。

逆断層

正断層に対して、上盤が下盤に対して相対的にずり上がった断層を**逆断層**（reverse fault）と呼びます。正断層と同じように厳密な定義を与えると次のようになります。

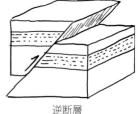

傾斜移動が次の2つの条件を満たす断層を逆断層とする。
　　・走向移動よりずっと大きい
　　・上盤が相対的に上がっている

右の図は逆断層のイメージです。層理面など目印があると、変位方向や隔離がわかりやすくなります。

逆断層

右と左がある横ずれ断層

走向移動が傾斜移動よりも大きな断層を**横ずれ断層**（strike-slip fault）と呼びます。横ずれ断層のうち、対盤が右側にずれた断層を**右横ずれ断層**（dextral fault）、反対に左側にずれた断層を**左横ずれ断層**（sinistral fault）と呼びます。

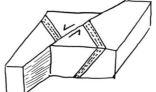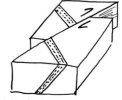

左横ずれ断層（左）と右横ずれ断層（右）

右と左の区別はわかりにくいのですが、63頁で紹介した対盤の概念を使うと説明がすっきりします。自分を基準にして、相手がどちらにズレたのかで考えるわけです。

斜めずれの断層もたくさんある

正断層、逆断層、横ずれ断層と紹介してきましたが、実際には実移動が斜めの断層もたくさん存在します。つまり、変位について走向移動も傾斜移動もそれなりにある断層のことで、これを**斜めずれ断層**（oblique-slip fault）と呼ぶことがあります。

断層の変位方向を示す線構造

ここまで紹介してきた正断層、逆断層、横ずれ断層、斜めずれ断層は、いずれも変位方向にもとづいた分類でした。しかし、露頭などで一方向から観察した地層のずれ具合のほとんどは、その面における見かけの変位方向、すなわち隔離です。実際の変位方向を知るには、調べる断層について任意の2方向以上の観察面で隔離を測って、変位方向を幾何学的に求める方法があります。

変位方向を決めるのには、断層面上の構造を使う方法もあります。右の写真は、断層面を面と直交する方向から観察した例です。横方向に筋状の線構造がつい

スリッケンファイバーの例
上部白亜系和泉層群（愛媛県西条市）

ており、これを**条線**（slicken line）と呼びます。

条線のでき方は大きく２つあります。１つは、断層がずれた後にできる隙間を流れる流体から鉱物が沈殿してできる場合です。鉱物が断層の隙間を埋めていくわけですが、この鉱物が断層の変位方向と平行に繊維状あるいは筋状となることが知られています。この充填鉱物を**スリッケンファイバー**（slicken fiber）とか**ファイバー脈**（fiber vein）と呼びます。前頁の写真の条線はスリッケンファイバーです。小規模な断層であっても断層面に沿って鉱物が充填している場合、面が見えるようにペリッと剥がすときれいなスリッケンファイバーがときどきついています。昆虫や植物など採集しているものを見つけたときと同じ嬉しさがあります。

条線のもう１つのでき方は、断層がずれる際に断層面の硬い部分が軟らかい部分を引っ掻いてできる場合です。転んだときにできる擦り傷と似ており、断層の変位方向と平行に筋がつくことが想像できると思います。この条線を**擦痕**（slickenside striation）と呼びます。

また、ずれたときの摩耗により断層面がツルツルになっていることもあります。この磨かれた面のことは**鏡肌**（slickenside）と呼びます。

情報が少ないときは見かけで暫定的に記述する

先ほども少し書きましたが、露出の状況が悪い、変位を示す目印がない、条線が不明瞭、といった理由から断層の変位方向が特定できないことがよくあります。その場合には、１つの見かけの変位（隔離）から断層を暫定的に記述する方法もあります。少ない情報で記述できるので手間がかからず便利な反面、同一の断層でも観察面の方向によって分類が異なってしまう場合があります。基準がわかるよう、名前の頭に「見かけ」とつけます。

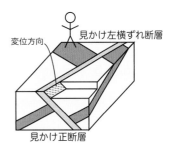

隔離にもとづく断層の呼び方

例えば、鉛直断面の隔離を見たときに上盤が相対的に下がって（上がって）いる断層を見かけ正（逆）断層と呼びます。また、水平断面の隔離を見たときに対盤が相対的に右（左）にずれている断層を見かけ右（左）横ずれ断層と呼びます。上の図のように、１つの断層でも観察面によって、見かけ正断層にも見かけ左横ずれ断層にもなるようなことが起こるのが面白いです。

③ 複数の条件にもとづく限定的な分類

複数の特徴にもとづいた断層の分類もできます。右図のように条件の組み合わせ次第で話題にしたいユニークな断層だけを指定できます。

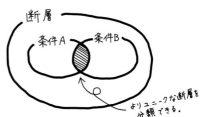

複数の条件にもとづく分類

衝上断層、スラスト（thrust）

複数の条件を持った断層の代表例は**衝上断層**（thrust）です。片仮名でスラストと呼ぶ場合の方が多いです。スラストは低角度の逆断層を意味します。低角度の明確な基準は決まっていませんが、おおよそ傾斜角が30°以下の逆断層を指すことが多いです。

次頁に示したのは、スラストの例を示した写真です。しつこいですが、一方向の観察だけ

からはこれらの断層の変位を厳密に特定すること
はできません。この写真は、変位方向と平行な面
について撮影したので、見たままを変位として話
を進めます。

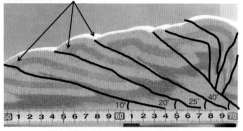

衝上断層（高知大学理工学部）

　写真の中で黒い線で示した箇所を断層と判断し
ましたが、その中で矢印で示した3条（断層も節
理と同じく数える単位は“条”です）がスラスト
の条件を満たしています。なお、よく見ると黒線
で示した場所以外にも断層と判断しても良さそうな箇所があります。よかったら探してみて
ください。

大きな変位量を持った低角度の断層

　複数の条件にもとづいて定義される断層として、もう1つ紹介したいのが**デタッチメント
断層**（detachment fault）です。この断層は、大きな変位量（ズ
レの距離）を持った低角度の断層と定義します。右図に、一例
の模式図を示しました。このうち、上の図は断層面の形にもと
づくと、リストリック断層です。一方で、変位量と低角度の部
分に注目すると、デタッチメント断層と言えます。

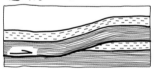

デタッチメント断層

　低角度の断層は大きな変位量を作りやすく、総変位量が数十
kmを超えるものもあります。デタッチメント断層は変位量が
大きいため断層を挟んで時代や種類の異なる地質体が接し、広
域で見た場合に地帯の境界となります。デタッチメントとは境
界という意味で、それが名前の由来です。

④ テクトニクスでの役割にもとづく分類

　断層の形や特徴ではなく、広域の地質構造やテクトニクスにおける役割にもとづいて断層
を分類することもあります。

プレート境界断層は最大規模の現役断層

　断層の中で、蓄積した変位量と現在の活動度のどちらもが特別に大きな断層を**プレート境
界断層**（plate boundary fault）と呼びます。プレート境界断層は地球で最大規模の断層で、
しかも現役バリバリです。長い部分では10,000km以上も連続し、累積変位量は100kmを
超えます。まさに「断層の王さま」です。

　例えば日本では、太平洋側の海底にあるプレート境
界断層が延長距離・変位量ともに最大規模です。陸上
では糸魚川－静岡構造線（総延長は200kmを超える）
がユーラシアプレートと北米プレート（オホーツクプ
レートとする説もあります）を分けるプレート境界と
して有名です。

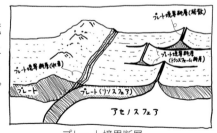

プレート境界断層

断層系を切る断層

もう1つ、四国の地質に関連した断層として**序列外スラスト**（out-of-sequence thrust）を紹介します。四国のようなプレートの収束帯では水平方向に圧縮する力がはたらいて、多くの逆断層、特にスラストが発達しています。こういった地域をスラスト帯と呼びます。

スラスト帯に発達する断層の多くは規則的に並んでいますが、中にはより古いスラストを上書きするように切るものがあります。きれいに配列した断層系とは外れた形をしたという意味から序列外スラストと呼びます。日本でも片仮名でアウト・オブ・シーケンス・スラストと呼ぶことが多いです。また、単語の頭文字を取って「OST（オー・エス・ティー）」とか「OOST（ウースト）」と呼ぶこともあります。陸上だけでなく、南海トラフなど複数のプレート収束帯の海底下からも OOST が見つかっています。

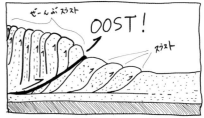

序列外スラスト

⑤ 特別な基準による分類

特別な基準で分類する断層もあります。代表例は**活断層**（active fault）で、最近活動した断層と定義できます（例えば [3、4、5]）。断層の多くは繰り返し変位する性質があることから、最近ズレた断層は将来もズレる可能性が高いと判断します。

右の写真は活断層の例です。写真の横方向の地層が、見かけ正断層によってズレている様子がわかります。このうち、黄色の矢印で示したのはアカホヤ火山灰と呼んでいる地層です。この火山灰層は、約7300年前に鹿児島県南部の海上で鬼界カルデラ火山が噴火した際に降り積もったと考えられています。つまり、そのアカホヤ火山灰層をズラしている写真の断層は、少なくとも7300年前よりも後に活動した活断層だというわけです。

活断層の例　撮影：辻 智大氏

断層の中には地震を伴うズレ方をするものがあります。地震は時には人間社会にも影響を与えることから、主に防災の視点から活断層という用語は使われます。活断層に対して、最近は活動していない断層のことを**地質断層**（geological fault）ということがあります。

ここで、「最近」を何年前にするのかは業界や人によって大きく異なることを知っておいてください。第四紀以降（約260万年前以降）とする場合もありますし、もっと若い時期とする場合もあります。国の耐震指針では過去12–13万年前以降に活動した断層を活断層としていましたが、2011年の東日本大震災の後、原子力規制委員会はこれを過去40万年前以降とするという考えを示しました。今後も見直されていくでしょう。

同じ活断層という用語でも、人によって定義が変わるのは混乱の原因となるので本来は避けるべきですが、状況に応じた変化は仕方のないことでもあります。私たちにできるのは、自分が話し手や書き手のときは定義を一貫すること、聞き手や読み手のときは相手が使って

[3] 池田安隆・島崎邦彦・山崎晴雄、1996年、活断層とは何か。東京大学出版会、220p。
[4] 活断層研究会 編、1991年、[新編] 日本の活断層　分布図と資料。東京大学出版会、437p。
[5] 松田時彦、1995年、活断層。岩波新書、242p。

いる言葉の定義を理解した上で聞いたり読んだりすることです。

地震のときに地表に表れる断層

　特別な定義の断層の別の例として、これも地震と関連していますが、地震のときに地表に出た断層を**地震断層**（earthquake fault）と呼びます。

　右の写真は、岐阜県の本巣市に露出する根尾谷断層という有名な地震断層です[4]。1891年10月28日に起こった濃尾地震の際に、根尾谷断層の一部が地表に露出しました。濃尾地震は地震の規模を示すマグニチュードが8.0と見積もられており、これは内陸型の地震としては日本の観測史上最大です。

　根尾谷断層の露出部は高さ2mほどの崖になっています。現地へ行くには岐阜市の街か

根尾谷断層を説明する看板

ら車で1時間ほどかかりますが、私が今まで見た地震断層の中でも最大級で一見の価値があります。この地震断層の一部は、その上に建物が造られて地震断層観察館・体験館になっています。記念館の中には**トレンチ**（trench）と呼ばれる地質調査用の溝が掘られていて、この断層の地下の様子を観察することができます。

　このトレンチ露頭は迫力があります。下の写真でわかるように、ほぼ鉛直に根尾谷断層があり、下にある濃い灰色の地層と上に重なる明るい灰色の礫岩層の境界を目印にして、右側（北東側）が約6m上がっている鉛直隔離を確認できます。なお、濃い灰色の地層は古生代および中生代の岩石で、明るい灰色の礫岩層は第四紀に堆積したもので、形成年代は大きく異なります。この写真からはわかりませんが、この断層は右横ずれの変位成分もあり、右横ずれを伴う北東上がりの変位をしています。

根尾谷断層のトレンチ露頭

小休憩：断層にまつわるエトセトラ

　断層の定義、要素、分類について説明しました。ここで小休憩をかねて、断層についてよく訊ねられる質問とその回答を紹介します。

Q. 断層はどこにでもあるのですか？

　少なくとも日本の地表付近なら、どこにでもあります。日本列島は地震や火山活動が活発で、地表の他の場所に比べて大きな地殻変動が起こっています。このような地殻変動が大きい場所を**変動帯**（mobile belt）とか**造山帯**（orogenic belt）と呼ぶこともあります。プレートテクトニクスの観点でいくと、変動帯をプレート境界と考えます（第1章20頁参照）。

　日本列島はいわば全体が変動帯です。それも現在だけの話でなく、少なくとも過去1億年以上はずっと変動帯だったことが地質学的な研究からわかっています。このような膨大な時

間続いてきた地殻変動の結果、日本列島にはさまざまな時代にできた断層がたくさん存在しており、その一部は現在も活動的です。

例えば、産業技術総合研究センターが発行している日本の 20 万分の 1 地質図幅 [6] で考えてみます。この地質図は 1 つの図幅範囲が約 80km × 75km で、北方四島を除く日本列島全体について作られていますが、断層が一条も描かれていない図幅地域はおそらくありません。

Q. 日本にはどのくらいの数の断層があるのですか？

天文的な数の断層があります。断層の変位量は数 cm 程度のものもあれば 100km を超えるものもあり、どこまでを対象とするかにもよります。大雑把に言うと、変位量が小さいものほど数が多くなります。累積変位量が 1 m 以下のような小規模な断層まで含めると、おそらく日本だけでも天文学的な数になります。

例えば、私は研究の対象として累積変位量が数 m よりも小さい断層をこれまで 1,000 条以上観察してきましたが、これはほんの数十 km 四方程度の範囲で、さらにその中のごく限られた露頭です。

別の視点からも考えてみます。日本でこれまで報告されている活断層は［新編］日本の活断層（活断層研究会 編）[4] によると 1,300 条を超えるそうです。これはあくまでもこれまで報告されている数で、実際はもっとずっと多いと想像されます。また、活断層でない、あるいは活断層か地質断層かわからない断層はこれよりもずっとたくさんあります。

Q. 地球以外の星、例えば月でも断層はあるのですか？

あります。月に限らず、少なくとも岩石からなる天体であれば断層はあると思います。アメリカのアポロ計画や日本のセレーネ計画（人工衛星「かぐや」で有名）による月の探査によって、月にも断層があることが確認されています。また、水星や金星の表面には、割れ目と思われる地形が見つかっており、この中のいくつかは断層（面に沿った変位を持っている）とされています [7、39p]。

3）断層と断層運動と地震

さて、先ほども少し出てきましたが、断層と言えば**地震**（earthquake）を連想します。セットとも言えるこの 2 つの用語の意味の違いを知っておくことは、断層や地震を理解するのに有効です。両者を理解するために、ここでは**断層運動**（fault displacement あるいは faulting）という用語も加えて、これらの 3 つの違いについて説明します。

先ほど断層を「地質体のずれた部分」と定義しました。これはつまり地質体に見られるある構造（位置関係）についての用語です。これに対して、断層ができること、あるいは断層帯に沿って変位が起こる運動のことを断層運動と呼びます。断層運動は、断層帯に力がかかることで起こります。力がかかると直ちに変位する断層もありますが、天然の断層の多くはすぐには変位せずに断層帯および周囲の地質体がバネやゴムの伸び縮みのような弾性変形を起こします（第 3 章 44 頁参照）。

断層帯にかかる力の源はプレート運動であることが多く、プレートは一定の速度で動きます。なお、プレート運動の源はマントルの対流です。また、対流の原因は流動的に変形するマントルの冷却です。その仕組みは、熱いお味噌汁がお椀の中でグルグルと対流しながら冷めていくように、、、と源を考えていくのも面白いですが、このくらいにして話を戻します。

[6] 産総研地質調査総合センター、2023 年、20 万分の 1 日本シームレス地質図 V2、https://gbank.gsj.jp/seamless/。
[7] 山路 敦、2000 年、理論テクトニクス入門 ―構造地質学からのアプローチ―。朝倉書店、287p。

プレートが運動する結果、弾性変形を起こしている断層帯周辺にかかる力は時間とともに大きくなり、それに合わせて弾性歪みも大きくなります。そうして、かかる力がある大きさを超えたところで断層帯の破壊が起こるわけです。

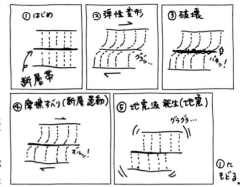

断層と断層運動と地震のイメージ

破壊が起こった断層帯は強度が小さくなります。要は弱くなります。すると断層帯は周囲の弾性歪みを支えることができなくなります。両手で引っ張ったゴム紐が２つに切れて、それぞれ縮みながら手に戻っていくような感じです。その結果、断層帯を挟んで両側の地質体は元の形に戻って、両者の間に変位が生じます。まとめると、力がかかる中で「弾性変形→破壊→摩擦すべり→変位」という変形過程が起こっており、これが１回の断層運動の流れです。

なお、第４章で扱った節理は「弾性変形→破壊」という変形過程で、割れ目沿いの摩擦すべりの量が非常に小さく、ほとんどの変形が割れ目と直交方向に起こる点で断層と異なります。また、破壊の前にどのくらいの弾性変形が起こるのかは、断層によって異なります。例えばゴム紐でも、劣化したものはほとんど伸びずにちぎれてしまうような感じです。

地質体は元の形に戻るときに、断層帯およびその周辺で擦れ合ったり反動が起こったりします。その形の変化は、波となって地質体の中を伝わっていきます。この波を**弾性波**（elastic wave）あるいは**地震波**（seismic wave）と呼び、断層運動によって弾性波が発生する現象を地震と呼びます。地震波が地表まで届くと地面が揺れて、この揺れも一般には地震と呼びます。日常生活で言う地震はこちらを指すことが多いのですが、学術的にはこれを**地震動**（ground motion）と呼んで、地震波の発生と区別することがあります。

説明が長くなりましたが、まとめると「地質体がズレることが断層運動、その結果としてズレた構造が断層、ズレるときに弾性波が出ることが地震、弾性波によって地面が揺れるのも地震と言うけど学術上は地震動と言って呼び分ける」というわけです。このように整理すると、断層と地震を考えた場合には、「断層がズレて地震が起こった」という原因と結果の因果関係がはっきりします。ただ、ある断層が動いて地震が起こり、その地震動によって別の断層が動く（そして新たに地震波が発生する）といった複雑な連鎖があることも考えられます。そうすると、前震と本震と余震の関係や、連動型地震の仕組みの理解にもつながってくるかもしれません。

４）断層がズレるとき、どのくらいの力がかかっているのか

では、ここからは断層が変位するときにどのくらいの力がかかっているのかを考えていきます（例えば [8、218–236p]、[9、140–160p]）。第４章で岩石が破壊するときにかかる力を考えたのと似た視点です。

物体全体を見て変位している場所が集中しているときに、私達はそこがズレている（変位している）と感

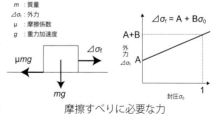

摩擦すべりに必要な力

[8] 平 朝彦・末広 潔・廣井美邦・巽 好幸・高橋正樹・小屋口剛博・嶋本利彦、2010年、新装版　地球惑星科学8　地殻の形成。岩波書店、260p。
[9] C. H. ショルツ 著、柳谷 俊・中谷正生 訳、2010年、地震と断層の力学　第二版。古今書院、448p。

じます。ただし、そのときに具体的に起こっている変形機構は、断層ごとで違いますし、1つの断層でも周りの環境によって異なります。大きく分けると、摩擦すべりによる変位と溶解–析出クリープや転位クリープ（第3章46頁参照）といった流動的な変位とがあります。それぞれのすべりを起こすのに必要な力の大きさが異なるので、分けて考えていくことにします。

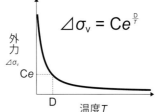

流動的な変形に必要な力

まず、断層の変位が摩擦すべりで起こる場合を考えます。このときに、すべりに必要な力を $\Delta\sigma_f$ とすると、$\Delta\sigma_f$ は圧力（封圧）に比例します。そこで封圧を σ_0 として両者の関係を前頁の下の図で示しています。これを数式で表すと次のようになります。

$\Delta\sigma_f = A + B\sigma_0$　　　A, B: 定数

次に、断層の変位が流動的な変形で起こる場合を考えます。このとき、すべり（クリープ）に必要な力は、温度に対してべき関数で減少することが経験的に知られています。そこで、力を $\Delta\sigma_v$、温度を T として両者の関係を右の図で示します。これを数式で書くと次のようになります。

$\Delta\sigma_v = Ce^{\frac{D}{T}}$　　　C, D: 定数　　e：ネイピア数　　2.718...

先の2つの式を用いて、断層のすべりやすさが地下の深さによってどのように変わるのかを考えます。

地下の最も浅い部分を**地殻**（crust）と呼びます。地球の地殻は、岩石の種類と構造にもとづいて**海洋地殻**（oceanic crust）と**大陸地殻**（continental crust）の2つに大別されます。両者は厚さも異なっていて、海洋地殻の厚さは7km前後であるのに対して、大陸地殻の厚さは平均が30km程度と厚い上に、場所によって20–70kmと厚さがずいぶん異なります。地殻の範囲では、封圧と温度は深さにおおよそ比例して大きくなります。これを封圧を σ_0、温度を T、深さを z として数式で表すと、次のようになります。

$\sigma_0 = Fz$　　　　F: 定数

$T = Gz$　　　　G: 定数

先ほどの封圧や温度と深さの関係式から、断層のすべりやすさについて、地殻の深さとの関係式に変えることができます。

$\Delta\sigma_f = A + BFz = A + B'z$　　　　B': 定数

$\Delta\sigma_v = Ce^{\frac{D}{Gz}} = Ce^{\frac{D'}{z}}$　　　　D': 定数　　e：ネイピア数　　2.718...

断層の変位などの変形に必要な力は、変形する地質体から見ると、その変形に対する強度と言えます。右図の左側のグラフは、摩擦すべりに対する強度と流動的な変形に対する強度を重ねたものです。地殻の主な構成物である岩石は、摩擦すべりも流動的な変形も起こすのですが、その場の環境（封圧や温度など）において、より強度が小さい方の変形機構が優先して起こります。結果として、グラフの実線で示した特徴的な形をした曲線が岩石の

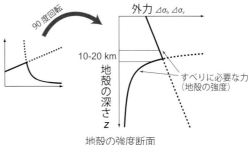

地殻の強度断面

断層変位における強度曲線となります。

5）断層のすべりやすさが深さで変わる

　さあ、ここまでの話をまとめます。見やすくするためにグラフを時計回りに90°回転させたのが前の頁の右側の図です。断層の深さを決めるのは主に地下の温度です。地下の温度は深くなるにつれて上がっていき、その度合(地温勾配と言います)は一般に20–35℃/km です。

　岩石の変形は、主に温度によって様子が変わります。地下浅部の温度が低い場所では、変形は主にバキバキと破壊したり、ズルズルと摩擦すべりを起こしたりします。これに対して、温度が300℃を上回ってくると溶解–析出クリープなどヌルヌルとした流動的な変形が起こり始めます。ただし変形の速度は非常に遅いです。さらに温度が上がって450℃を超えるくらいになると破壊や摩擦すべりによる変形はほとんどなくなり、主に流動的な仕組みによって変形するようになると考えられています。これは、高い温度では流動に対する地殻の強度が小さくなるためです。したがって、地下10–20km（≒温度450℃）が摩擦すべりによる断層の最深部となります。

　流動的な変形では摩擦すべりによる断層ほどは変位が集中せず、ある程度広い幅、あるいは地質体全体が変形するようになります。ただし、条件によっては変位が集中することがあって、その場合は断層ができます。また、地球にはプレートが地下に沈み込んでいる場所があります。沈み込むプレートは周りに比べて温度が低いことがわかっています。そのような沈み込むプレートでは、他の場所よりも深いところまで破壊や摩擦すべりによる変形が起こって断層ができています。その証拠に、沈み込むプレートに沿って深い場所まで地震が起こっています（例えば [10、152–186p]）。

　この章では断層の定義づけから始まって、最後は断層を変位させる力を考えることで、地殻の硬さ（強度）の構造まで話が進みました。これを理解すると、震源の深さ分布の特徴についても、ある程度その理由がわかるようになります。

[10] 中島淳一、2018年、日本列島の下では何が起きているのか　列島誕生から地震・火山噴火のメカニズムまで。講談社ブルーバックス、295p。

6．岩石にかかるストレス

応力は2つの意味で使われる

　タイトルには岩石と書きましたが、実際には地質体全般を対象としています。地質体の変形に関する話では、よく**応力**（stress）という言葉が出てきます。ここでは、地質体にかかっている力と考えれば問題ありません。

　しかし、高校の物理の力学分野で出てくる力とは違う感じがするときもあります。高校物理での力はベクトルとして矢印で表すのが一般的です。応力もベクトルを意味することがほとんどですが、ときどき違うことがあります。感覚的に言えば、もっと「立体的な」状態を意味しているのです。実際に、この「応力の状態」は矢印1つではなく、対になった3組の矢印セットを使って表します。

　実は、応力と言ったり書いたりしているとき、細かくは**応力ベクトル**（stress vector）という意味のときと、**応力状態**（stress state）という意味のときがあるのです。構造地質学では、この2つの意味がよく混在して使われています。たとえば、「今回の地震を起こした断層にはたらいていた剪断応力は水平方向です。これは現在の日本列島が東西から押される横ずれ断層型の応力であることが原因です」と言った場合、初めの剪断応力はベクトルですが、後の横ずれ断層型の応力は状態を意味しています。

　そこで私がオススメしたいのは、応力ベクトルと応力状態との違いを理解して、両者を意識して聞き分けたり使い分けたりすることです。これだけで、ずいぶん使いこなせるようになると思います。なお、この本では単に応力と書いてあるときは応力ベクトルを意味し、応力状態を指すときは応力状態と書くことにします。

　この章の前半は応力ベクトルと応力状態について、そして後半では応力状態を**応力テンソル**（stress tensor）と呼ぶ物理量で数学的に表す方法を説明します。このテンソルこそが、高校までの力学と大学以降の力学との決定的な違いです。テンソル（厳密には2階のテンソル）を使わない高校までの力学は、均質な物体だけを扱った、いわば「点の世界」でした。しかし、実際の世界は面的、そして立体的な広がりを持っています。立体的な世界の力学を記述する上で、テンソルは欠かせません。

　余談になりますが、現実の世界を記述するためには、3次元の空間座標を考える必要があります。高校までの力学では2次元までの問題がほとんどで、例えば直交するx軸とy軸で考えることができました。3次元の世界を同じように考えようとすると、軸が3つ必要になります。より高度な数学を使うわけではありませんが、式の数が増えて計算が面倒になります。ただし、微積分では、軸が1つ増えることで部分微分など高校の数学には出てこないものも使います。

ここまでの話を踏まえると、高校までの力学と比べたときの大学以降の力学の大きな特徴は以下の2点だと言えます。

1. 空間的な広がりと構造を持つ物体を扱う。
2. 3次元空間の運動を扱う。

数学の技術としては、1は線形代数が必要です。そして2は、線形代数に加えて高度な微積分を使います。科学の目的の1つは、自然現象を数学的に表現することです。現実世界の運動を数学的に記述するためには応力テンソルの概念を使い、応力テンソルを使って運動を計算するには線形代数と微積分の技術を使います。これが、多くの大学の理系学部の教養課程が線形代数と微積分を必修科目としている理由です（例えば、[1]）。

そういう意味では、この章は理系の大学生ならではの内容とも言えます。と言っても、大半は2次元に簡略して紹介しますので、大学の力学の世界にほんの片足だけ入る程度です。

1）応力ベクトルと応力状態の違い

応力ベクトルはわかりやすい

さきほど、応力には応力ベクトルと応力状態があると説明しました。まずは、応力ベクトルの説明を培風館の物理学辞典[2] を参考にして行います。

応力ベクトルは単位面積あたりの**面積力**（surface force）と定義し、それはベクトル量であり、方向と大きさで表すことができます。面積力とは、物質同士が触れ合うことで生じる力のことです。

次に、この面積力についてもう少し詳しく説明します[2、41-42p]。物体をつくっている原子や分子に外部から力を与えて、それらの位置を変位させると、原子間には原子を元あった平衡の位置に戻そうとする力がはたらきます。つまり、面積力はミクロにみれば、外部からの力に応じてはたらく原子（分子）間力なのです。原子間力の特徴は、力の作用半径がとても小さいことです。具体的には、$10^{-10} - 10^{-8}$ m （1 – 100 Å）くらいです（第4章56頁参照）。そこで、弾性論や流体力学といった分野では、原子間力の作用半径は0と見なして取り扱います。つまり面積力は、弾性論や流体力学などの比較的大きな空間スケールを扱う分野では作用半径が0、言い換えるとモノとモノとがくっついている状態ではたらくと考えます。

面積力に対して、物質同士が離れていても（日常生活において離れていると考えるくらい遠いところからでも）はたらく力を**体積力**（body force）と呼びます。代表的な体積力には、重力や電磁気力があります。

また、応力と似た言葉で**圧力**（pressure）があります。圧力鍋とか気圧（大気の圧力）など、圧力のほうが普段の生活で耳にすることが多いかもしれません。圧力は応力ベクトルの1つで、物体の表面に対して垂直にはたらく応力ベクトルと定義されます。ベクトル量ではありますが、対象とする面に対して垂直方向だと決めているので、圧力は値の大きさだけで使われることが多いです。ストレスは身体の内にも外にもかかり、プレッシャーは身体を外側から圧迫してくるストレス、といった感じでしょうか。日常生活においては、ストレスもプレッシャーもあまり感じたくありませんね。

[1] 和達三樹、1983年、物理のための数学。岩波書店、272p。
[2] 物理学辞典編集委員会、2005年、物理学辞典。培風館、2670p。

応力状態はわかりづらい

応力ベクトルは矢印で図示すれば、比較的わかりやす
いかもしれません。それに対して、応力状態はわかりづ
らいです。少なくとも私にとっては、すごくイメージし
づらいです。そんな応力状態ですが、ある領域における
各面に対する応力ベクトルのはたらき具合と定義します。
以下に、詳しく説明をしてみます。

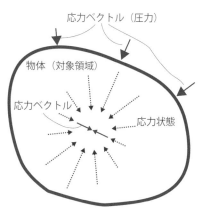

応力ベクトルと応力状態のイメージ

まず、とても小さな空間を考えます。これを微小領域
と呼びます。その領域にはあらゆる方向から力がかかっ
ており、中に任意の方向の面をおくと、外からの力の合
力として面の方向に応じた応力ベクトルがはたらきます。
このような力がかかる具合を、その微小領域における応力状態と呼びます。このとき、同じ
応力状態でも面の方向によって、かかる方向や大きさが変わります。どういうことなのでしょ
うか？

四方八方に様々な強さの巨大な扇風機が設置されている部屋があるとします。その部屋に
畳くらいの大きな板を持って入ることを想像してください。強烈な風を受けてフラフラしそ
うです。あらゆる方向から風は吹いてくるわけですが、特に強い風を出している扇風機に板
を向けたときに大きな力を受けるでしょう。ところが、板をその強風に対して平行に向きを
変えると受ける力は小さくなります。このときの、扇風機が何台も設置されている部屋の状
態が応力状態で、ある方向にした板に実際にかかる力が応力ベクトルにそれぞれ対応します。
どうですか。実際にこんな部屋があったら、それぞれの風が影響しあってものすごく複雑な
空気の流れができるのでしょうけど、あくまでイメージとして参考になれば幸いです。ただ、
あまりイメージすることにこだわらずに、応力状態というものがある、くらいで軽く捉えて
おいてもいいのかもしれません。この章の後半で紹介する応力状態を表す数式を見たほうが
飲み込みやすい読者もいると思います。また、応力状態は主応力軸という概念を使って図な
どで表現することもあります（84 頁の図を参照）。こちらの方がわかりやすい読者も多いで
しょう。

2）応力がかかると歪みが起こる

次に、応力がかかった結果として起こる**歪み**（strain）の記述について簡単に紹介します。
歪みとは、変形の度合を表す物理量 [3、1076p] で、単位長さあたりの変位で表します。平た
く言えば、大きさや形の変わる量です。位置・方向・体積・形の 4 つの要素からなる物体の
変化を変形、このうち体積と形の変化を歪み、と第 3 章でそれぞれ定義しました。歪みがな
くて、回転や平行移動だけ起こした物体を変形したと言うのは違和感があるかもしれません。
しかし、歪みに回転あるいは平行移動（あるいはその両方）が加わった変形を考える場合には、
歪みの成分と回転や平行移動の成分に分けて考えることで、数学的な記述がしやすくなると
いう利点があります。この本では、これ以上は踏み込みませんが、そういうものなんだなと
感じていただけるとありがたいです。

[3] 地学団体研究会 編、1996 年、新版　地学事典。平凡社、1443p。

公称歪みと剪断歪み

　歪みの程度を表すには、いろいろな物理量を定義することが可能です。ここではよく使われるものを2つ紹介します。

　1つは**公称歪み**（nominal strain）[4、2p] と呼ぶもので、エクステンション（extension）と呼ぶこともあります [5、347p]。長さが L_0 だった物体が歪んだことで長さ L になったとします。このとき公称歪みを ϵ（イプシロン）として、例えば、

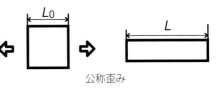

公称歪み

$$\epsilon = \frac{L - L_0}{L_0}$$

と定義します。第4章56頁でも公称歪みが出てきていますが、そこでは正負の符号を逆にして定義しています。

　歪みの程度を表す物理量で、もう1つよく使われるものとして、**剪断歪み**（shear strain）があります [4、3p][5、347p]。右の図のように物体が剪断したとき、例えば角度 ϕ（ファイ）を使って剪断歪み γ（ガンマ）を、

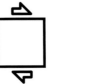

剪断歪み

$$\gamma = \tan \phi \qquad \text{あるいは} \qquad \gamma = \frac{1}{2} \tan \phi$$

と定義します。

　実際の歪みを記述しようと思ったら、公称歪み（伸び縮み）と剪断歪み（ずれ）を3次元的に組み合わせる必要があります（例えば [4、3–14p][5、352–355p]）。

3）応力と歪みの関係

　応力と歪みを簡単に紹介しました。物質は応力がかかって歪みを生じます。そこで次に、両者の関係について説明します。

　変形は、力と物質と時間によって決まります。これは、「変形は力と物質と時間を変数にとった関数で表現できる」というのとほぼ同じ意味です。歪みは変形の一部であり、応力は力の一つであることを考えると、歪みについて応力を変数とした関数で表現することができそうです。

フック弾性体とニュートン流体

　実際に、物体の中には応力と歪みの関係を簡単な関数で近似できるものがあります。そこで、この関数を「応力－歪み関数」と呼ぶことにして、それにもとづいて物体を分類することもできます。代表的なのは次頁の上の図で示したフック弾性体と呼ぶものです。

　応力と歪みに近似的に正比例の関係があることを**フックの法則**（Hooke's law）と言います。フックの法則は、先ほど紹介した公称歪みや剪断歪みのそれぞれについて考えることができます。例えば公称歪み ϵ について、比例定数 $1/E$ を使って、

$$\epsilon = \sigma / \mathrm{E}$$

と表すことができ、剪断歪み γ については比例定数 $1/\mu$ を使って、

[4] 山路 敦、2000年、理論テクトニクス入門 —構造地質学からのアプローチ—。朝倉書店、287p。
[5] Twiss, R. J. and Moores, E. M., Structural Geology Second Edition, 2007, W. H. Freeman and Company, 736p.

$$\gamma = \sigma/\mu$$

と表すことができます。

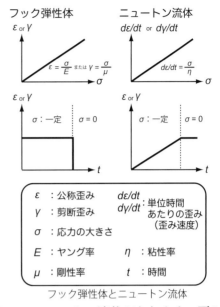

フック弾性体とニュートン流体

右図の左上のグラフはこの関係を示しています。ここで、比例定数に用いた E は**ヤング率**（Young's modulus）、μ は**剛性率**（shear modulus）と、それぞれ呼びます。これらは物質における弾性変形のしやすさの指標であり、高校の物理で出たバネ定数にあたるものです。ヤング率や剛性率は大きいほど力に対する歪みが小さくなるので、変形のしにくさと言った方が適切かもしれません。ともかく、フックの法則が成り立つ物体のことをフック弾性体と呼びます。バネやゴムと同じような変形をするということです。右図の左下のグラフは、ある期間に一定の大きさでかかっていた応力 σ が取り除かれたときの歪み ε あるいは γ の変化を示しています。

応力 – 歪み関数にもとづく物体の分類の他の例として、ニュートン流体があります。歪み ε や γ が、応力 σ、時間 t、比例定数 $1/\eta$ との間に、

$$d\varepsilon/dt = \sigma/\eta \quad や \quad d\gamma/dt = \sigma/\eta$$

の関係が成り立つとき、その物体をニュートン流体と呼びます。ここで、比例定数に用いた η（イータ）は粘性率と呼びます。流動的な変形のしやすさ（しにくさ）、あるいは流れにくさの指標です。右図の右上のグラフは上式の関係を示しています。また、右下のグラフは、ある期間に一定の大きさでかかっていた応力 σ が取り除かれたときの歪み ε あるいは γ の変化を示しています。フック弾性体との挙動の違いを確認してください。

4）歪みから応力を求める

繰り返しになりますが、地質体は外力を受けた結果、表面や内部に応力がはたらいて変形が起こります。つまり、応力が原因で、変形は結果です。2 つの対象があって、片方が原因で、もう一方が結果のとき、両者には因果関係があると言います。前章で紹介した、断層運動と地震の間には因果関係が成り立っています。これに対して、例えば火山灰と溶岩はどちらも火山噴火を共通の原因とする噴出物で、両者に関係があるとしても、それは因果関係ではありません。

応力と変形を考えたとき、私たちが野外調査や実験で観察できるのは結果である変形のみであり、原因であった応力は見えません。そこで、応力を考えるときは変形にもとづいて推定します。このように、因果関係のある事象について結果から原因を考えることを、

見えるのはズレ（変形）だけ

逆問題（inversion）と呼びます。特に、歪みから原因である応力状態を求める逆問題を**応力逆問題**（stress inversion）と呼びます。例えば、前頁の図は、正断層、逆断層、横ずれ断層を示しています。これが、観察することのできる歪みにあたります。それぞれの断層のまわりに描いた矢印が原因となった応力状態で、これは結果である断層のズレ方向から推定したものです。

　応力と変形の他にも因果関係のある組み合わせはたくさんあります。それらの多くは結果しか確認できず、「あのうどん屋閉まっている。今日の麺がもう売り切れたのかな」とか「先生ゴキゲンだ。何か良いことあったな」といったように、私たちは日常生活でも知らずしらずのうちに頻繁に逆問題を解いて原因を推定しています。

5）応力状態を数式化する

　ここからは応力ベクトルと応力状態の数式化を目指します。「これは無理だ」という読者は、スキップして第7章に進んでも構いません。一方で、数式で考えた方がイメージしやすいという読者もいるかもしれません。

応力ベクトル
　まずは、応力ベクトルについてです。ベクトルには数学での定義と物理学での定義とがあります。前者を数ベクトル、後者を空間ベクトルと呼びます [6、262p]。応力ベクトルは空間ベクトルのひとつです。空間ベクトルは次のように定義します。

　空間ベクトルとは、空間に存在する始点と終点を持った一つの矢印であって、

　[1] 加法に関して平行四辺形の法則に従う。

　[2] 座標系の選択とは無関係に大きさと向きを持つ。

　さらに、平行移動して重なる2つのベクトルは、同一のものであると約束する [6、262p]。

　座標系とは、x軸とかy軸とか言っているものです。私は長い間、座標系がまずあって、その中に対象となるモノを置くようなイメージをしていました。でも、そうではないのですね。空間やモノが先にあって、それを数字で表すための基準として、人が後から座標系を置くのです。いわば、座標系は物差しや分度器のようなものです。

　そこで、座標系を使ってベクトルを表すことで応力ベクトルを数式化します。例として、私たちが暮らしている空間（これを"3次元ユークリッド空間"と呼んだりもします。なんだかカッコいいです）を対象として考えます。

　まず座標系を決めなければなりません。つまり、どういう物差しを使うのかを決めます。パッと思いつくのは直交座標系ですが、円筒座標系とか極座標系などいろいろな座標系を取ることができます。でもここではやっぱり、わかりやすい3次元直交座標系（3次元デカルト座標系）の例を示します。

　3次元直交座標系は、互いに直交する3本の軸からなる座標系です。3本の軸を、それぞれx軸、y軸、z軸と呼ぶことにします。3軸が交わる点を原点と呼び、各軸に沿った原点からの距離を実数で表すことにします。このような座標系を表記するときは、例えば、直交座標系 O-xyz と表します。軸の名前は、x1軸、x2軸、x3軸でも、松軸、竹軸、梅軸でも何でも構いません。その場合は直交座標系 O-x1x2x3 とか O-松竹梅と表します。

━ [6] 吉田武、2010年、新装版　オイラーの贈物 ―人類の至宝 $e^{i\pi} = -1$ を学ぶ―。東海大学出版会、516p。

次に、応力ベクトルの始点に座標系の原点を合わせます。すると、ベクトルの終点位置は平行四辺形の法則によって分解した x 軸、y 軸、z 軸と平行の３つの成分の組み合わせで表されます。例えば、x 軸は３、y 軸は５、z 軸は４、といった具合です。友達に自分の家を教えるときに、「今いるところから東に 30m 行って、それから北に 50m 進んだところにあるビルの４階」といって説明するような感じです。これを応力ベクトル $\vec{F}$ として、

$$\vec{F} = \begin{pmatrix} x \\ y \\ z \end{pmatrix} = \begin{pmatrix} 3 \\ 5 \\ 4 \end{pmatrix}$$

と行列の形で表すことにします。数学の行列については参考になる文献がたくさんあります（例えば [6、264p]）。上の式で文字に矢印がついているのは、その文字で表す変数がベクトル量であることを意味します。

これで、応力ベクトルの大きさと向きを数学的に表すことができます。座標系が異なると、同じ応力ベクトルでも違った表記になります。ですので、どの座標系で書き表したものかを示しておく必要があります。

２次元空間の応力状態を数式化する

次に [7、42-43p] をもとに、応力状態の数式化を説明します。実際の世界は３次元空間なのですが、計算を簡略化するためにここでは２次元の世界で説明します。２次元でも３次元でもベクトルの数が違うだけで、基本的な考え方は同じです。

設定その１：直交座標系で考える

まず、応力状態を S として直交座標系 O-x1x2 で書き表すことを考えます。これからの話で「設定」と書いた場合には、それは何か根拠や必然性があるわけではなく、説明する私の都合でそう決めたことを意味します。お膳立てみたいなものです。

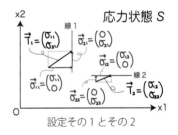

応力状態 S

設定その１とその２

設定その２：軸に対して垂直な線にはたらく応力ベクトル

次に、応力状態 S のもとで、長さが１で x1 軸と x2 軸にそれぞれ垂直な線１および線２を考えます。そして右図のように、両者にはたらく応力ベクトルをそれぞれ $\vec{T_1}$ および $\vec{T_2}$ として、以下の式で表すと定めます。

$$\vec{T_1} = \begin{pmatrix} \sigma_{11} \\ \sigma_{21} \end{pmatrix}, \vec{T_2} = \begin{pmatrix} \sigma_{12} \\ \sigma_{22} \end{pmatrix}$$

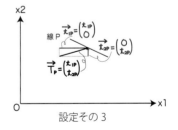

設定その３

設定その３：任意の向きの線にはたらく応力ベクトル

さらに、右図のように長さが１で任意の向きの線を P として、応力状態 S のもとで線 P にはたらく応力ベクトル $\vec{T_p}$ を以下の式で表すと設定します。

$$\vec{T_p} = \begin{pmatrix} t_{1p} \\ t_{2p} \end{pmatrix}$$

設定その４：法線ベクトルを定義する

設定はまだ続きます。右図のように、線 P に直交する長さ

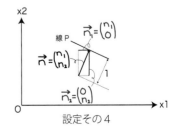

設定その４

[7] 鳥海光弘・河村雄行・大野一郎・赤荻正樹・川嵜智佑・清水 洋、2010 年、新装版　地球惑星科学 5　地球惑星物質科学。岩波書店、292p。

が 1 の仮想的なベクトルを考えて、これを法線ベクトルと呼びます。そして法線ベクトルを $\vec{n}$ として、次の式で表すことにします。

$$\vec{n} = \begin{pmatrix} n_1 \\ n_2 \end{pmatrix}$$

設定その 5：直角三角形を設定する

最後の設定として、線 1、線 2、線 P のそれぞれに平行な 3 辺で囲まれた三角形 △PAB を想定します。設定その 2 より線 1 と線 2 は直交しているので、三角形 △PAB は必ず直角三角形になります。ここで、下図のように辺 PB の長さを L_1、辺 PA の長さを L_2、辺 AB の長さを L_p とします。

設定を 5 つも作ってややこしかったですが、ようやく揃いました。ここから応力状態 S と、任意の線 P にかかる応力ベクトル $\vec{T_p}$ の数学的関係を考えていきます。これによって S の数式も見えてくるはずです。下図に示した三角形 △PAB では辺 AB が線 P と平行ですので、辺 AB にかかる応力ベクトル（単位長さあたりの面積力）を数式で書き表すのと同じことになります。

直角三角形 △PAB にはたらく力を考える

装置を整えたら動き出すぜんまい仕掛けのような感じで、ここまでしてきた設定をもとにここからは論理的に考えていきます。まずは、応力状態 S のもとで △PAB にはたらく力を設定した材料で表現していきます。

はたらく力は右図で示すように以下の 4 つです。

1. 辺 PB をとおしてはたらく面積力 $\vec{F_1}$
2. 辺 PA をとおしてはたらく面積力 $\vec{F_2}$
3. 辺 AB をとおしてはたらく面積力 $\vec{F_p}$
4. △PAB にはたらく体積力 $\vec{F_v}$

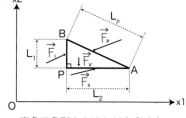

直角三角形 △PAB にはたらく力

力の釣り合いを考える

応力状態 S の中で △PAB が変形しない場合を考えます。変形しないということは、形が変わらない（歪まない）だけでなく、回転も平行移動もしないということです。それはつまり上記した 4 つの力が釣り合っている、合力が 0 であることを意味します。式で表すと、

$$\vec{F_1} + \vec{F_2} + \vec{F_p} + \vec{F_v} = 0$$

というわけです。なお、三角形 △PAB は力を加えても歪まない剛体だと考えています。

面積力を記述する

ここからは △PAB にかかる力を書き表していきます。2 次元空間の問題として扱っているので、面積力を単位長さにかかる応力ベクトルと長さの積で表します。

一点、忘れていました。力の正の向きを決めなくてはいけません。今回は座標系の軸の負から正への方向を正とします。すると、それぞれの面積力を以下のように書き表すことができます。

$$\vec{F_1} = \vec{T_1} \cdot L_1 = L_1 \begin{pmatrix} \sigma_{11} \\ \sigma_{21} \end{pmatrix}$$

$$\vec{F_2} = \vec{T_2} \cdot L_2 = L_2 \begin{pmatrix} \sigma_{12} \\ \sigma_{22} \end{pmatrix}$$

$$\vec{F_p} = -\vec{T}_p \cdot L_p = -L_p \begin{pmatrix} t_{1p} \\ t_{2p} \end{pmatrix}$$

体積力を記述する

次は体積力の記述です。2次元空間において体積力は、単位質量にかかる体積力に質量（面積×質量密度）を乗することで求まります。そこで単位質量あたりにはたらく体積力を $\vec{F_i}$、質量密度を ρ（ロー）として、$\vec{F_v}$ を以下のように書き表します。

$$\vec{F_v} = -\vec{F_i} \cdot \frac{1}{2} L_1 L_2 \cdot \rho$$
$$= -\frac{1}{2} \vec{F_i} \rho L_1 L_2$$

記述した式を変えていく

上記した式を変えていきます。まずは $\angle \mathrm{BAP} = \alpha$ として、L_2 を表します。

$$\frac{L_2}{L_p} = \cos \alpha = \frac{|\vec{n_2}|}{|\vec{n}|} = n_2$$
$$L_2 = n_2 L_p$$

ここでの等式の変え方のポイントは2つ。1つは幾何学を使って $\cos \alpha$ を $\vec{n}$ と $\vec{n_2}$ で表したこと、もう1つは $|\vec{n}| = 1$ を使ったことです。序盤で準備しておいた設定をようやく使いました。

右の図は記号がたくさん出てきてややこしいのですが、高校数学の幾何学の知識で解くことができます。自分で図を書いて確かめてみてください。先ほどと同様に $\angle \mathrm{ABP} = \beta$ とすると、

$$\frac{L_1}{L_p} = \cos \beta = \frac{|\vec{n_1}|}{|\vec{n}|} = n_1$$
$$L_1 = n_1 L_p$$

となります。

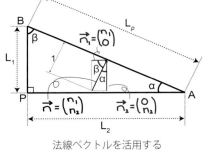

法線ベクトルを活用する

合力を計算する

ここまでの結果を使って、以下のように等式を変えていきます。

$$\vec{F_1} + \vec{F_2} + \vec{F_p} + \vec{F_v} = 0$$

$$L_1 \begin{pmatrix} \sigma_{11} \\ \sigma_{21} \end{pmatrix} + L_2 \begin{pmatrix} \sigma_{12} \\ \sigma_{22} \end{pmatrix} - L_p \begin{pmatrix} t_{1p} \\ t_{2p} \end{pmatrix} - \frac{1}{2} \vec{F_i} \rho L_1 L_2 = 0$$

$$n_1 L_p \begin{pmatrix} \sigma_{11} \\ \sigma_{21} \end{pmatrix} + n_2 L_p \begin{pmatrix} \sigma_{12} \\ \sigma_{22} \end{pmatrix} - L_p \begin{pmatrix} t_{1p} \\ t_{2p} \end{pmatrix} - \frac{1}{2} \vec{F_i} \rho n_1 n_2 L_p^2 = 0$$

$$n_1 \begin{pmatrix} \sigma_{11} \\ \sigma_{21} \end{pmatrix} + n_2 \begin{pmatrix} \sigma_{12} \\ \sigma_{22} \end{pmatrix} - \begin{pmatrix} t_{1p} \\ t_{2p} \end{pmatrix} - \frac{1}{2} \vec{F_i} \rho n_1 n_2 L_p = 0$$

ここで $L_p \to 0$ のときを考えます。つまり $\triangle \mathrm{PAB}$ が微小な場合を考えるのです。そうすると、

体積力の項は 0 に近づいていきます。

$$\frac{1}{2}\vec{F_i}\rho n_1 n_2 L_p \to 0$$

そういうわけで、

$$n_1\begin{pmatrix}\sigma_{11}\\\sigma_{21}\end{pmatrix} + n_2\begin{pmatrix}\sigma_{12}\\\sigma_{22}\end{pmatrix} - \begin{pmatrix}t_{1p}\\t_{2p}\end{pmatrix} = 0$$

と、体積力の項をなくして考えることにします。この等式をさらに変えて、

$$\begin{pmatrix}t_{1p}\\t_{2p}\end{pmatrix} = n_1\begin{pmatrix}\sigma_{11}\\\sigma_{21}\end{pmatrix} + n_2\begin{pmatrix}\sigma_{12}\\\sigma_{22}\end{pmatrix}$$
$$= \begin{pmatrix}n_1\sigma_{11} + n_2\sigma_{12}\\n_1\sigma_{21} + n_2\sigma_{22}\end{pmatrix}$$
$$= \begin{pmatrix}\sigma_{11} & \sigma_{12}\\\sigma_{21} & \sigma_{22}\end{pmatrix}\begin{pmatrix}n_1\\n_2\end{pmatrix}$$

とします。ここでは、行列の計算を行って等式を変えています。大学で線形代数を習った人は、そのときの授業内容を思い出してください。行列の計算について学びたい読者は、文献 [6、251–294p] や [8] がわかりやすくて役立ちます。

応力テンソルを使って計算する

長い道のりでした。その結果として得られた上記の式はたいへん有用です。なぜならばこの式は、任意の向きの線 P にはたらく応力ベクトルはその面の向き（法線ベクトル $\vec{n}$ ）と $\vec{T_1}$、$\vec{T_2}$ を使って計算できることを意味しているからです。

この結果を使って応力状態 S は次の行列で表現されます。

$$S = \begin{pmatrix}\sigma_{11} & \sigma_{12}\\\sigma_{21} & \sigma_{22}\end{pmatrix}$$

これを応力テンソルと定義して、めでたく応力状態を数式で表現できました。これまで何度も説明やイメージが難しいと言ってきた応力状態ですが、2 次元なら 4 つの数値、3 次元でも 9 つの数値の組み合わせで右図のように表すことができるわけです。応力テンソルを使えば、どんな方向の面についても、その応力状態でどんな応力ベクトルがかかるのかを計算できるのです。これはエレガントですね。右図には我々が暮らしている 3 次元空間における応力テンソル表記も示しました。

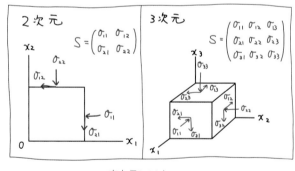

応力テンソル

6）応力に対するストレスをなくしたい

この章では、応力は何であるかという話からはじめて、後半は応力ベクトルと応力状態を数式で表現する手順を示紹介しました。応力テンソルは文字や数字がゾロゾロと並んでいて、

[8] 町田東一・川上 泉・高橋宣明・村田 勝、1990 年、マトリクスと連立 1 次方程式。東海大学出版会、178p。

見るのも嫌という気持ちの読者もいるかもしれません。できることなら私も見たくありません。ただ、手順の全ては理解しなくても導出までのぼんやりとした道筋を知るだけで、精神的緊張（ストレス）はかなり解消するのではないかと期待します。応力状態を使いこなせるようになると、途中で紹介した応力—歪み関数から、変形についてもより具体的に考えることができるようになります。ただし、数式で表現できることは大変有益なのですが、第4章でも書いたように思い切った近似などもしています。ですので、ここで紹介した理論を活用するのと同時に、近似をなくすとか要因ごとの影響の大きさを評価するといったことで、より現実的なモデルを作る努力も必要です。そのためには、野外調査や実験による観察も欠かせません。

【補足】（3次元版）応力状態を数式化する

　ここでは、現実の3次元空間における応力状態の数式化を説明します。前述した2次元版と合わせて見るとイメージがしやすいかもしれません。また、図を自分で描きながら読み進めてください。

　考えを進める前に
　まず、設定その1として、直交座標系 O-x1x2x3 で考えることとします。
　設定その2：軸に対して垂直な面にはたらく応力ベクトル
　次に、応力状態 S のもとで、面積が1で x1 軸、x2 軸、x3 軸にそれぞれ垂直な面1、面2、および面3にはたらく応力ベクトルを $\vec{T}_1$、$\vec{T}_2$ および $\vec{T}_3$ として、それぞれ以下の式で表す、と設定します。

$$\vec{T}_1 = \begin{pmatrix} \sigma_{11} \\ \sigma_{21} \\ \sigma_{31} \end{pmatrix}, \vec{T}_2 = \begin{pmatrix} \sigma_{12} \\ \sigma_{22} \\ \sigma_{32} \end{pmatrix}, \vec{T}_3 = \begin{pmatrix} \sigma_{13} \\ \sigma_{23} \\ \sigma_{33} \end{pmatrix}$$

　設定その3：任意の向きの面にはたらく応力ベクトル
　さらに、面積が1で任意の向きの面を P として、応力状態 S のもとで面 P にはたらく応力ベクトル $\vec{T}_p$ を以下の式で表す、と設定します。

$$\vec{T}_p = \begin{pmatrix} t_{1p} \\ t_{2p} \\ t_{3p} \end{pmatrix}$$

　設定その4：法線ベクトルを定義する
　さらにさらに、面 P に直交する長さが1の仮想的なベクトルを法線ベクトル $\vec{n}$ として、次の式で表すことにします。

$$\vec{n} = \begin{pmatrix} n_1 \\ n_2 \\ n_3 \end{pmatrix}$$

　設定その5：三角錐を設定する
　最後の設定として、面1、面2、面3、面 P のそれぞれに平行な面で囲まれた三角錐 PABC を

作ります。このとき、面 PBC（面 1 と平行）の面積を S_1、面 PCA（面 2 と平行）の面積を S_2、面 PAB（面 3 と平行）の面積を S_3、面 ABC（面 P と平行）の面積を S_p と表すことにします。これらの設定を使って、応力状態 S において任意の面 P にかかる応力ベクトルを考えていきます。

三角錐 PABC にはたらく力を考える

ここで、応力状態 S のもとで三角錐 PABC にはたらく力は以下の 5 つです。

1. 面 PBC をとおしてはたらく面積力 $\vec{F_1}$
2. 面 PCA をとおしてはたらく面積力 $\vec{F_2}$
3. 面 PAB をとおしてはたらく面積力 $\vec{F_3}$
4. 面 ABC をとおしてはたらく面積力 $\vec{F_p}$
5. 三角錐 PABC にはたらく体積力 $\vec{F_v}$

力の釣り合いを考える

応力状態 S の中で、三角錐 PABC が変形しない場合を考えます。つまり、上記した 5 つの力が釣り合っている、つまり合力が 0 であると考えます。これを式で表すと以下のようになります。

$$\vec{F_1} + \vec{F_2} + \vec{F_3} + \vec{F_p} + \vec{F_v} = 0$$

面積力を記述する

三角錐 PABC にかかる力を書き表していきます。面積力は、単位面積にかかる応力ベクトルと面積の積で表します。

ここで、力の正の向きを決めます。対象範囲で統一できていれば、どちらを正にとっても構いません。今回は、座標系の原点から離れる方向を正とします。すると、以下の式で書き表すことができます。

$$\vec{F_1} = \vec{T_1} \cdot S_1 = S_1 \begin{pmatrix} \sigma_{11} \\ \sigma_{21} \\ \sigma_{31} \end{pmatrix}$$

$$\vec{F_2} = \vec{T_2} \cdot S_2 = S_2 \begin{pmatrix} \sigma_{12} \\ \sigma_{22} \\ \sigma_{32} \end{pmatrix}$$

$$\vec{F_3} = \vec{T_3} \cdot S_3 = S_3 \begin{pmatrix} \sigma_{13} \\ \sigma_{23} \\ \sigma_{33} \end{pmatrix}$$

$$\vec{F_p} = -\vec{T_p} \cdot S_p = -S_p \begin{pmatrix} t_{1p} \\ t_{2p} \\ t_{3p} \end{pmatrix}$$

体積力を記述する

体積力は、単位質量あたりにはたらく体積力と体積と質量密度の積です。そこで、単位質量あたりにはたらく体積力を $\vec{F_i}$、質量密度を ρ として、以下の式で書き直すことができます。

$$\vec{F_v} = -\vec{F_i} \cdot \frac{1}{3} \sqrt{2S_1 S_2 S_3} \cdot \rho$$
$$= -\frac{\sqrt{2}}{3} \vec{F_i} \rho \sqrt{S_1 S_2 S_3}$$

記述した式を変えていく

ここからは、上記した式を変えていきます。まず、S_p と S_2 のなす角を α とおいて、S_2 を表し

ます。

$$\frac{S_2}{S_p} = \cos\alpha = \frac{|\vec{n_2}|}{|\vec{n}|} = n_2$$
$$S_2 = n_2 S_p$$

ここで、$|\vec{n}| = 1$ を使いました。同様に、S_p と S_3 のなす角を β として、S_3 を表して、

$$\frac{S_3}{S_p} = \cos\beta = \frac{|\vec{n_3}|}{|\vec{n}|} = n_3$$
$$S_3 = n_3 S_p$$

さらに、S_p と S_1 のなす角を γ として、S_3 を表して、

$$\frac{S_1}{S_p} = \cos\gamma = \frac{|\vec{n_1}|}{|\vec{n}|} = n_1$$
$$S_1 = n_1 S_p$$

とします。

合力を計算する

以上を使って、

$$\vec{F_1} + \vec{F_2} + \vec{F_3} + \vec{F_p} + \vec{F_v} = 0$$

$$S_1 \begin{pmatrix} \sigma_{11} \\ \sigma_{21} \\ \sigma_{31} \end{pmatrix} + S_2 \begin{pmatrix} \sigma_{12} \\ \sigma_{22} \\ \sigma_{32} \end{pmatrix} + S_3 \begin{pmatrix} \sigma_{13} \\ \sigma_{23} \\ \sigma_{33} \end{pmatrix} - S_p \begin{pmatrix} t_{1p} \\ t_{2p} \\ t_{3p} \end{pmatrix} - \frac{\sqrt{2}}{3} \vec{F_i} \rho \sqrt{S_1 S_2 S_3} = 0$$

$$n_1 S_p \begin{pmatrix} \sigma_{11} \\ \sigma_{21} \\ \sigma_{31} \end{pmatrix} + n_2 S_p \begin{pmatrix} \sigma_{12} \\ \sigma_{22} \\ \sigma_{32} \end{pmatrix} + n_3 S_p \begin{pmatrix} \sigma_{13} \\ \sigma_{23} \\ \sigma_{33} \end{pmatrix} - S_p \begin{pmatrix} t_{1p} \\ t_{2p} \\ t_{3p} \end{pmatrix} - \frac{\sqrt{2}}{3} \vec{F_i} \rho \sqrt{n_1 n_2 n_3 S_p^3} = 0$$

$$n_1 \begin{pmatrix} \sigma_{11} \\ \sigma_{21} \\ \sigma_{31} \end{pmatrix} + n_2 \begin{pmatrix} \sigma_{12} \\ \sigma_{22} \\ \sigma_{32} \end{pmatrix} + n_3 \begin{pmatrix} \sigma_{13} \\ \sigma_{23} \\ \sigma_{33} \end{pmatrix} - \begin{pmatrix} t_{1p} \\ t_{2p} \\ t_{3p} \end{pmatrix} - \frac{\sqrt{2}}{3} \vec{F_i} \rho \sqrt{n_1 n_2 n_3 S_p} = 0$$

ここで、$S_p \to 0$ のときを考えます。つまり、三角錐 PABC が微小な場合を考えるのです。そうすると、体積力の項も 0 に近づいていきます。

$$\frac{\sqrt{2}}{3} \vec{F_i} \rho \sqrt{n_1 n_2 n_3 S_p} \to 0$$

このことは、微小な領域で考えた場合は、体積力は面積力に比べると無視できるほど小さいということを意味します。

よって、

$$n_1 \begin{pmatrix} \sigma_{11} \\ \sigma_{21} \\ \sigma_{31} \end{pmatrix} + n_2 \begin{pmatrix} \sigma_{12} \\ \sigma_{22} \\ \sigma_{32} \end{pmatrix} + n_3 \begin{pmatrix} \sigma_{13} \\ \sigma_{23} \\ \sigma_{33} \end{pmatrix} - \begin{pmatrix} t_{1p} \\ t_{2p} \\ t_{3p} \end{pmatrix} = 0$$

と、体積力の項をなくして考えることにします。この式をさらに変えて、

$$\begin{pmatrix} t_{1p} \\ t_{2p} \\ t_{3p} \end{pmatrix} = n_1 \begin{pmatrix} \sigma_{11} \\ \sigma_{21} \\ \sigma_{31} \end{pmatrix} + n_2 \begin{pmatrix} \sigma_{12} \\ \sigma_{22} \\ \sigma_{32} \end{pmatrix} + n_3 \begin{pmatrix} \sigma_{13} \\ \sigma_{23} \\ \sigma_{33} \end{pmatrix}$$

$$= \begin{pmatrix} n_1\sigma_{11} + n_2\sigma_{12} + n_3\sigma_{13} \\ n_1\sigma_{21} + n_2\sigma_{22} + n_3\sigma_{23} \\ n_1\sigma_{31} + n_2\sigma_{32} + n_3\sigma_{33} \end{pmatrix}$$

$$= \begin{pmatrix} \sigma_{11} & \sigma_{12} & \sigma_{13} \\ \sigma_{21} & \sigma_{22} & \sigma_{23} \\ \sigma_{31} & \sigma_{32} & \sigma_{33} \end{pmatrix} \begin{pmatrix} n_1 \\ n_2 \\ n_3 \end{pmatrix}$$

としVます。そうして、応力テンソル S を、

$$S = \begin{pmatrix} \sigma_{11} & \sigma_{12} & \sigma_{13} \\ \sigma_{21} & \sigma_{22} & \sigma_{23} \\ \sigma_{31} & \sigma_{32} & \sigma_{33} \end{pmatrix} \qquad \text{と定義することで、} \qquad \begin{pmatrix} t_{1p} \\ t_{2p} \\ t_{3p} \end{pmatrix} = S \begin{pmatrix} n_1 \\ n_2 \\ n_3 \end{pmatrix}$$

となり、めでたく応力状態 S における任意の方向の面 P にかかる応力ベクトルを計算できるようになります。

7. 地質構造が地形を決める

　地質構造を記載するときの情報として、地質体の起伏も役立つことを紹介しました（第3章37頁）。地形とは地表面の起伏とその形のことです [1]。この章では、地形が地質構造の影響を受けてできることがある、という話をします。前半は、地形の分類と代表例について写真をお見せしながら紹介します。章の後半では地形ができる速度の求め方について、タフォニという小さな地形を対象にした研究例を紹介します。

1）地形は大小さまざま

　地形は、私達でも作ることができる数cm〜数十cmくらいのものから、国をまたいで連続するような数百km〜数千kmのものまで、規模がさまざまであることが特徴です。人が作る建物と同じように、空間的に大きな地形ほど、できるのに長い時間がかかります。そこでまずは規模の大きい方から5つに分類して [1]、それぞれの代表的な例を紹介していきます。

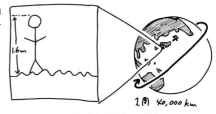

地形は大小さまざま

大地形は宇宙からでも見える

　地球で見られる地形としては最大規模で、水平方向の広がりが10kmから1000kmくらいのものを**大地形**（major landform）と呼びます。地球は半径が約6400kmで、一周が4万kmです。地球儀や世界地図でも見えるほどの地形は大地形と言えます。中には宇宙からでも確認できるものがあるでしょう。例えば、NASAの国際宇宙ステーションのライブカメラの映像はインターネットで公開されていて、そこから大地形を見ることができます。大地形ができるには、1万年から100万年、あるいはそれ以上の年月がかかります。

　大地形の多くには「〇〇山脈」や「△△平野」といった固有の名前がついています。周りの気候や他の小さな地形にも大きな影響を与えていることが多く、アンデス山脈に栄えたインカ帝国のように人類の歴史にも深く関わっています。例えば「大地形から考える世界史」なんていうのは、きっと面白い研究テーマになるでしょう。

　次頁の写真で奥に見える雪の積もった山脈は、ヨーロッパアルプスです。写真はイタリア北西部にあるマッジョーレ湖（Lago Maggiore）の西にあるモンテファロ（Monte Faló）という標高1000mほどの山から撮影したもので、すぐ近くにスイスとの国境があります。ヨーロッパアルプスはアフリカプレートがユーラシアプレートに衝突することでできた山脈で、現在も上昇中です。最高峰は標高4811mのモンブランですが、プレートの衝突は今後も数

[1] 今村遼平・岩田健治・足立勝治・塚本 哲、1983年、画でみる地形・地質の基礎知識。鹿島出版会、232p.

ヨーロッパアルプス（イタリア ピエモンテ州モンテファロより）

百万年以上は続きます。そして、将来はヒマラヤ山脈級の山が連なるのではないかと想像します。現在も活動しているヨーロッパアルプスの地質について、わかりやすくまとめてある本もあります[2]。

中地形は地域のシンボルになる

　大地形より一回り小さな地形は**中地形**（middle landform）と呼びます。水平方向の広がりが 1km から 100km くらいのものを指し、中地形という名前ではありますが、その地域のシンボルになるくらいの雄大さがあります。大地形と広がりが一部重なっていますが、これは大雑把な目安です。地形を規模で分けるときには、地形の広がりが線的か面的かといった点や、起伏の程度も考慮することがあります。ここで紹介している大地形や中地形などの定義はとてもいい加減なもので、それぞれの境界は不明瞭だと思ってください。さて、中地形ができるのにかかる時間は 1000 年から 10 万年ほどで、一般に大地形より短期間で形成されます。山地、丘陵地、台地、低地などが中地形にあたります。

　下に示したのは、羽田空港から高知空港に移動する飛行機の機内から撮影した富士山の南東側の写真です。1707 年の噴火の際にできた宝永火口も写っています。富士山くらい大きな火山体も中地形と言えます。

宝永火口（1707年）

旅客機から撮影した富士山

地形は空から眺めると様子がよくわかります。ですので、飛行機での移動は地形を観察する絶好の機会です。富士山のように有名なものだと、天気が良いときには機内放送で知らせてくれることもあります。羽田空港から高知空港に飛ぶ飛行機では、富士山は右側の窓からよく見えます。そこで、私はこの便に乗るときはいつも右窓側の翼から離れた席を予約するように心がけています。

　運良く見晴らしの良い席を予約できても、雲がなくて空気も澄んだ好条件の日に乗り当てることはなかなかありません。ですので、飛行機から地形がくっきりとした写真が撮れるこ

[2] 平 朝彦、2004 年、地質学 2　地層の解読。岩波書店、441p。

とは大変な幸運と言えます。先ほど紹介した富士山の写真は、私がこれまで何度も乗った中で最も条件が良かったときのものです。最近だとドローンなどの UAV（unmanned aerial vehicle：無人航空機）を使った写真や映像が撮られるようになり、テレビや YouTube でも素晴らしい空撮を見られる機会が増えてきました。

小地形は散歩で気づくと楽しい

100m から 10km くらいの大きさの地形は、**小地形**（micro-morphology）と呼びます。小地形ができるには、一般に 100 年から 1 万年くらいかかります。地形図や Google map などの地図でも目立ちますし、普段の生活の中でもちょっと気にかけると見つけることができるのが小地形です。散歩やドライブは気持ち良いものですが、特徴のある地形に気づくとより一層楽しくなります。小地形ほどの大きさの地形としては、扇状地、自然堤防帯、三角州帯、小規模な山や丘などがあります。

下の写真では、手前の高台から川が流れて河口付近に大きな三角州（デルタ）ができています。これは 2007 年に成田空港からフランスのシャルル・ド・ゴール空港へと向かう飛行機の機内から撮影しました。国際便に乗る機会はめったにありませんので気合が入ります。ところが、この写真は東ヨーロッパのどこかの上空ということだけしかメモをしていませんでした。今となっては詳しい場所がわからず残念です。

三角州の例

微地形は身近な地形

小地形よりももっと小さく、水平方向の広がりが 10m から 1 km くらいの地形は**微地形**（micro-relief）と呼びます。微地形ができるのにかかる時間は、10 年から 1000 年ほどです。具体的には自然堤防、後背湿地、旧河道、小さな丘などの身近な地形が微地形に当てはまります。

微地形の例として砂州を紹介します。砂州とは、海の作用で堆積した非固結物質からなる細長い微高地の総称です [3、291p]。右の写真の砂州は鹿児島県の上甑島の「長目の浜」と呼ばれるものです。長目の浜は北西側（写ってはいませんが写真の左手前側）にある海食崖でできた礫が、沿岸の波や流れの作用で南東方向（写真の奥方向）に運ばれることでできました [4]。

長目の浜と海鼠池（鹿児島県上甑島）

超微地形は地形とは思えないくらい小さい

微地形よりもさらに小さな地表の起伏を**超微地形**（ultra-micro-relief）と呼びます。日常

[3] 日本地形学連合 編、2017 年、地形の辞典。朝倉書店、1018p。
[4] 村田昌樹・宇多高明・野志保仁・小林昭男・芹沢真澄・宮原志帆、2019 年、上甑島の長目の浜 barrier へ礫が運ばれる機構。土木学会論文集 B3（海洋開発）、75、I_617–I_622。

では地形と呼ばないような、10cmから10mほどの小さな起伏です。地形の形成にかかる時間も大きな地形に比べるとずいぶん短くて、1か月から100年ほどです。

　土石流の舌状部、溶岩のしわ、ガリー、タフォニなどが超微地形を作ります。下の写真は、徳島県阿波市にある阿波の土柱です。これは超微地形にしては大きいもので、全体で見ると微地形と考えるべきかもしれません。現地で見るとけっこう迫力があります。この土柱を作っているのは**ガリー**（gully）と呼ばれる地表の砕屑物（あるいはレゴリス）を水が削ることでできた超微地形です。いわば谷の赤ちゃんです。ガリーの1つ1つはかなり小さくて、超微地形の名に相応しい規模です。幅は小さいものだと20cmほどですが、これも地表面の起伏であり地形に含めます。

阿波の土柱（徳島県阿波市）

　超微地形の例をもう1つ紹介します。右はハワイ島の溶岩の表面の写真です。溶岩が流れたときの模様がそのまま残っています。この起伏も超微地形と考えることができます。

　話がそれますが、ハワイ諸島はマントル深部からの熱源が上昇してくる場所で起こる火山活動でできた島々です。マントル深部に起源を持つ火山活動は、ハワイ諸島の他に南米沖のガラパゴス諸島、北米のイエローストーン、大西洋のアイ

溶岩の表面（米国ハワイ島）

スランドなど世界のあちこちにあります。こういった場所を「地質学のホットスポット」と呼ぶことがあります。観光地として有名なワイキキビーチがあるのはオアフ島ですが、火山活動が現在も起こっているのはハワイ島です。ハワイ諸島の中で最も大きくてビッグ・アイランドとも呼ばれます。標高が4000m以上あって空気が澄んでいることから、日本のすばる望遠鏡を含む多くの国の天文台や望遠鏡が設置されています。ハワイ島は火山も夜空に見える星も素晴らしく、地学が好きな人にとってはまさに夢の島です。

2）地形ができる要因

　さてここからは、地形を作る要因を紹介していきます。

地表を変形させる力
　地形は地表面が変形することでできます。ここで言う変形には、侵食や堆積も含みます。日常生活の変形（歪みとほぼ同じ意味）とは感覚が違うかもしれませんが、物質が動いて形が変わる点を重要視します。地形ができるときにかかる力を**営力**（agent）と呼びます。

営力の中で、**隆起**（uplifting）と**沈降**（subsiding）を引き起こす力のことを**内的営力**（endogenic agent）と呼びます。地下に原因がある力と言い換えてもよいです。地震は活断層によって起こりますが、その際に地震断層が地表に出て崖を作ったり、震央近辺で隆起や沈降が起こったりすることがあります（第5章70頁）。こういった地震変動に関連してできた地形は、内的営力によってできた地形の1つです。

　内的営力に対して、地表よりも上からの力は削剥や堆積を引き起こし、これも地表面の形を変えます。公園の砂場でトンネルを掘ったり川を作ったりするのにはたらく力もこれです。このような営力を**外的営力**（exogenic agent）と呼びます。削剥とは、ここでは地質体が地表で移動することを指しており、侵食（削り取られて移動する）、溶食（溶けて移動する）、マスムーブメント（すべって移動する）、などを含みます。

　外的営力によってできた地形の一例として、**カール**（英語では cirque、ドイツ語では Kar、日本語では圏谷）を紹介します。カールとは、氷食山地の谷頭部または山稜直下の山腹斜面にみられる椀系で一方に開いた谷のことです [3]。氷河に侵食されることで、水による侵食とは違う独特のU字形の谷になります。下の写真は、北アルプスの槍ヶ岳の山頂近くの殺生カールです。槍ヶ岳は、標高が3180m ある日本で5番目に高い山です。現在の日本には、ごく限られた場所にしか氷河はありませんが、北アルプスや日高山脈から報告されているカールに代表される氷河地形の存在が、以前には今よりも氷河が発達していた時代があったことを物語っています。

槍ヶ岳のカール（長野県松本市）

営力に対する強度

　地形を作るもう1つの要因は地質体の営力に対する強度で、ここでは**物質強度**（material strength）と呼ぶことにします。

　写真は、高知大学朝倉キャンパスのグランドから UAV（いわゆるドローン）を飛ばして、高知市街地の方向(東)を向いて撮影したものです。写真の真ん中を流れているのは鏡川です。

　高知市は香長平野と呼ぶ東西に伸びた平野が広がっていますが、ところどころに小高い丘があります。植物学者の牧野富太郎博士を記念して作られた牧野植物園も、これらの丘の1つである五台山の上にあります。植生によって緑に見えているところです。これらの丘の場所はチャートが露出している場所とほぼ一致

高知市街地の地形

しています。チャートの主成分であるシリカ（SiO_2）はかなり安定した化合物で、物理的風化作用にも化学的風化作用にも強いという性質があります（第2章参照）。そのため、侵食が進んだ地域ではチャート岩体が残って山や丘となっていることがあります。

なお、香長平野の平らな部分は、泥岩を主体としたやわらかい岩石が風化と侵食によって削られてできた低地を、山地から河川によって運ばれてきた土砂が埋め立てることによってできています。一般的に泥岩は風化しやすくて軟らかいため、海岸だと、泥岩が露出している場所は引っ込んで湾になり、砂岩やチャートや玄武岩のような泥岩よりも硬い岩石が露出している場所は出っ張って岬や鼻になっていることが多いです。

　ここまで説明してきた地形を作る上での営力と物質強度は、彫刻で例えるとノミや彫刻刀のような用具と木や金属などの素材にそれぞれ対応しています。彫刻はもちろん作り手の技術が大きいのですが、道具と素材も作品の形や作成時間に影響します。これと同じように、営力と物質強度が地形を特徴づけていくわけです。ときには右の写真に示したような、まさに自然の彫刻とも言うべき美しい地形ができることもあります。

デリケートアーチ（米国ユタ州 アーチーズ国立公園）

3）地質構造を反映して地形ができる

　地球の地殻、特に大陸地殻の大部分は異なる種類の岩石が複雑な構造を作っています。岩石ごとに強度も異なるので、それらが入り組んだ地質構造は強度のコントラストを作ります。結果として、地質構造を反映した地形ができあがります。

① 変動地形

　地殻の変形がそのまま地表に露出することがあります。このようにしてできた地形を**変動地形**（tectonic relief）と呼びます。以下に具体例をいくつか紹介します。

断層は地表もズラす
　断層あるいは断層運動に関係してできる地形をまとめて**断層地形**（fault morphology）と呼びます。例えば、断層が地表付近で変位して崖ができることがあり、これを**断層崖**（fault slope）と呼びます。右の写真は、1995年の兵庫県南部地震のときに淡路島の地表に現れた断層崖です。断層崖にスッポリと建物を被せて、現在は記念館になっています。
　また、断層が山の稜線や川といった既存の地形を変位させて、不自然にズレた、あるいは曲がっ

野島断層（兵庫県淡路市）

た地形を作ることもあります。その他にも、断層帯は破壊や剪断などの変形によって周りの岩石（母岩と呼びます）よりも強度が小さくなって侵食に弱くなり、谷がより強調されることもあります。

地層が曲がって山と谷ができる

褶曲に関係してできる地形は**褶曲地形**（fold morphology）と呼びます。北アメリカ東部のアパラチア山脈は、空中写真で稜線を追っていくと、それが褶曲によってできていることがわかります。おそらく相対的に硬い地層からできており、周りよりも高く残っています。目を引くのは、稜線部がぐにゃぐにゃ、あるいはコキコキと折れていることです。これは、アパラチア山脈の地層が複雑に曲がっていることを反映しています。この美しい地形はGoogle map などで観ることができます。きっと驚きますので、ぜひご覧ください。

海水準変動と波蝕に隆起が組み合わさった地形

海成段丘（marine terrace）は、形成に相対的隆起が関わっており、変動地形と言えます。海成段丘は主に、海水準変動、隆起、波による侵食、が組み合わさってできる地形で、それらのバランスによって形が複雑に変わるようです。右の写真は、富士山と同様に羽田から高知に向かう飛行機から撮影した室戸市の海成段丘です。この高さは UAV でも撮れず、私のお気に入りの一枚です。

高知県室戸市の海成段丘

火成活動による地形

火成活動によっても変動地形ができます。先述した富士山のように単純な形をしている場合もあれば、箱根山のように複雑な地形を作る場合もあります。

毎年お正月に行われる箱根駅伝は、関東の大学が参加する人気のある駅伝大会で、楽しみにしている人も多いと思います。この大会の見どころの1つは第5区の山上りです。第5区は、神奈川県の小田原中継所がスタートで箱根の外輪山を登った先の芦ノ湖がゴールです。大学生ランナーがくねくねとした急な上り坂を一生懸命に駆け上がって行く様子は、テレビ越しにも大変さが伝わってきます。また、区間の終盤には長い下り坂も待っていて、走り方の切り替えが必要になります。このような難コースがこれまで数々の名場面を生んだわけですが、その起伏に飛んだ地形は 75 万年前以降に起こった箱根火山群の活動による変動でできたものなのです（火山活動の開始時期については不明瞭な部分もあるそうです[5]）。

箱根山（山梨県箱根町）

[5] 萬年一剛、2014 年、箱根火山群, 強羅付近の後カルデラ地質発達史。地質学雑誌、120、117–136。

② 差別削剥地形

　変動地形に対して、地表の削られ方の違いによってできる地形を**差別削剥地形**（differentially denudated landforms）と呼びます。差別削剥地形では、地質体の軟らかい部分が優先的に削られて、硬い部分が残ります。その結果、地質体の構造を反映した地形ができ上がります。

　例として、地層の傾斜角によって差別削剥地形がどのように変わるのかを紹介します。

急傾斜：ホグバック

　右の写真は鉛直近くに傾いた地層が差別削剥されて作った丘で、**ホグバック**（hogback）と呼びます。これは第3章でも紹介したオーストラリア北西部マーブルバーに見られるピルバラ超層群という35億年前に堆積した地層です。車をスケールにして露頭の規模がわかります。写真中央で川を横切るように露出している岩石はほぼ鉛直に傾いたチャートの層です。チャートの周りには玄武岩や泥岩

ピルバラ超層群（オーストラリア マーブルバー）

がありますが、侵食されて平地になっています。チャートの部分だけが残って丘を作っているわけです。先ほど紹介した高知の香長平野に点在する丘も、同じ仕組みでできたホグバック地形と言えます。

緩傾斜：ケスタ（cuesta）

　地層がある程度に傾いた場所で差別削剥が起こると、**ケスタ**（cuesta）と呼ぶ独特の地形ができます。右の写真は小規模なケスタの例です。濃い茶色をした地層は泥岩（あるいは頁岩）、色が薄くて白っぽい地層は砂岩からできています。ここでは泥岩層の方が早く侵食されて、砂岩層が残って突き出した非対称な稜線を作っています。これがケスタあるいはケスタ地形と呼ぶもので、写真のように地層が見えていると、地質構造と地形との関係がわかりやすいのですが、植生によって地層が覆われていると稜線の形しか見えません。

白亜系イーグル層（米国 ワイオミング州）

　慣れてくるとケスタ地形だということから、地質構造の様子が推定できるようになります。左右がノコギリの刃のように非対称の山や丘はケスタ地形を反映しているかもしれません。

水平：メサ、ビュート

地層が水平に近い姿勢で差別削剥が起こると、平らなてっぺんと急傾斜の崖からなる地形ができます。形によってそれぞれ名前がついており、壁のような地形を**メサ**（mesa）、より細く塔のような形をしたものは**ビュート**（butte）と呼びます。

右の写真は、アメリカ合衆国のユタ州で見られるメサとビュートの例です。映画やドラマの西部劇の背景はメサやビュートが定番です。また、「Dr. スランプ」や「ドラゴンボール」で有名な漫画家の鳥山明さんの作品の中にもこういった景色がよく出てきます（例えば [6]）。

トリアス系ナバホ砂岩層（米国 ユタ州 アーチーズ国立公園）

キャップロックによる差別削剥

メサやビュートは、てっぺんに露出している地層の硬さの違いが侵食速度の差を生んでいます。このときに、侵食を妨げる硬い地層を"蓋"という意味から**キャップロック**（caprock）と呼びます。

キャップロックは日本にもあって、有名なのは下の写真で示した香川県の屋島です。屋島は、平家物語で那須与一の「扇の的」の舞台であることでも知られています。山頂が平らな印象的な地形は、約1400万年前に噴出した溶岩の層が、周りの地層よりも硬いためにキャップロックとして機能してできたものです。

中新統讃岐層群 瀬戸内火山岩類（香川県屋島）

硬・軟の岩体の差別削剥

差別削剥が層状でない地質体で起こったときは、その地質体の形を反映します。アメリカ合衆国カリフォルニア州のモーロロック（第1章13頁参照）は中新世の火山体の火道が差別侵食によって取り残された地形とされています。

また、天然の地形ではありませんが、右の写真に示したのは「洗い出し」と呼ばれるもので、道や壁の舗装でときどき見かけます。これはセメントを砂利と混ぜて固まりきる前に表面のセメント部を洗い流して砂利の頭が少し浮き出るようにする左官工法で、両者の硬さの違いで生じる差別削剥を活用しています。

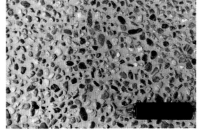

セメントと砂利による洗い出し

断層や節理の周辺の差別削剥

断層や節理など割れ目に沿って差別削剥が起こることもあります。宮崎県の青島海岸に分布している新第三系の宮崎層群 [7、8] という地層は、「鬼の洗濯板」という名で観光地になっています。プロ野球の読売巨人軍は、ここにある青島神社に春のキャンプの際に毎年恒例の

[6] 鳥山 明、2000年、SAND LAND。集英社、217p.
[7] 石原与四郎・阿部宏子・押川美佳、2009年、宮崎県日南海岸沿いに分布する新第三系宮崎層群青島層の重力流堆積物とその層序パターンの特異性。堆積学研究、67、65–84。
[8] 中村羊大・小澤智生・延原尊美、1999年、宮崎県青島地域に分布する上部中新統 - 下部鮮新統宮崎層群の層序と軟体動物化石群。地質学雑誌、105、45–60。

必勝祈願に訪れています。

　宮崎層群に近づいてみると、緩やかに傾いた砂岩と泥岩の互層が差別削剥を受けることで「鬼の洗濯板」の起伏ができていることがわかります。ここではさらに細かく、1つの砂岩層の表面の起伏に注目します。そうすると、亀の甲羅のような割れ目ができているのがわかります。もっと近づいて観察しましょう。

　下の写真は、この場所を上から撮ったものです。砂岩は写真の手前方向に10°ほど傾いており、侵食量の違いによって手前ほど上位の部分が露出しています。見てほしいのは、一片が20cmから1mほどある多角形状の節理系の周りは、他の場所に比べて侵食されずに高まりとして残っていることです。また、節理系に囲まれた部分には、より細かい節理やタフォニの窪みもできています。こういった起伏は超微地形の1つと言えるでしょう。

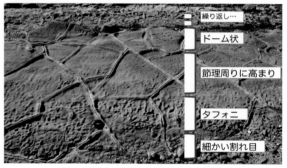

繰り返し…

ドーム状

節理周りに高まり

タフォニ

細かい割れ目

新第三系宮崎層群 (宮崎県青島海岸)

　余談になりますが、青島の砂岩にできた風化模様の分布には規則性が見られます。写真では下から帯状に、細かい節理が見られる領域、タフォニが発達する領域、比較的平坦な領域、節理群に囲まれた部分がドーム状になっている領域、を認めることができます。このような模様の分布ができる原因として、わずかな標高差（数十cmから2m程度）による波蝕の違いや砂岩の単層内での強度の違いなどが考えられます。

　　周りよりもよく溶けることでできる地形
　カルスト地形（karst）も差別削剥地形と言えます。右の写真は四国カルストです。カルスト地形は石灰岩体があるところでできます。この独特のなめらかな起伏は、石灰岩が他の岩石に比べて水に溶けやすい性質を持つこと、そして水に溶ける具合が場所によって異なることでできます。ドリーネやウバーレといった陥没地形も、地下で起こる石灰岩の溶食が引き金になってできます。

鳥巣石灰岩のカルスト地形（高知県・愛媛県 四国カルスト）

4）地形ができる速さを予測する

　ここからこの章の最後の話題に移ります。それは、地形ができていく速さを予測する、です。

これができたら凄いです。例えば、侵食によって海岸が痩せていく地域では、そこに住む人々の生活にも影響を与えますから、そのペースがわかることは社会の役にも立ちそうです。

　実際に地形の形成速度を見積もった研究例がいくつかあります [9]。ここではその1つを紹介したいと思います。

予測の方針

　まずは見積もりの方針を決めます。ここでは、地形の形成速度は一般に営力と物質強度とのバランスで決まると考えます。そこで、両者の比を風化（あるいは侵食）しやすさの指標（易風化指数：WSI = Weathering Susceptibility Index）として、ある地形について WSI を定義します。そして、その地形に対して WSI と形成速度の関係式を作ることができれば、対象地域について WSI を求めることで、そこでの地形形成速度を見積もることができます [9]。

　ちょっとむずかしい説明になってしまいました。営力が強いほど地形は早くできていくし、物質強度が小さくても地形は早くできていきます。でも単純に営力が2倍になると形成速度も2倍になったり、強度が3倍になると同じ地形を作るのに3倍の時間がかかったり、というわけではないのです（そういう地形もあるかもしれませんが）。そこで、それぞれの定量的な関係を地形の種類ごとに調べていく必要があるわけです。

　形成速度を見積もる地形の具体例として、ここでは第2章で紹介したタフォニを取り上げます [10]。ここで知りたいのは、1つの地域における成長速度ではなくて、タフォニという地形に対して普遍的に成り立つ WSI と形成速度の関係式です。

1. 形成速度を見積もる

　グラフを作るために、まずは縦軸である形成速度のデータを取ります。すなわち、複数の地域におけるタフォニの形成速度を見積もります。

　タフォニは、風化作用によって岩石の内部の物質が除去されて生じた穴状の超微地形で、岩石表面で塩水の乾湿が繰り返すことでできます（第2章29頁）。隆起域では海水準より少し高い位置の、岩石にかかった塩水が乾湿を繰り返す標高からタフォニができ始め、高い場所にあるものほど形成の開始が古いことになります。そこで、段丘面などででき始めの年代がわかる地域のタフォニの大きさ（深さ）を測れば、おおよその成長速度を計算できるわけです

タフォニの発達する海岸

2. 営力を見積もる

　次に、グラフの横軸である WSI のデータを求めます。WSI を求めるには、さきほどのタフォニの形成速度を求めた地域ごとの営力と物質強度のデータが必要です。そこで、タフォニができる際の営力を次のように見積もります。

タフォニ

[9] 松倉公憲、2008年、地形変化の科学—風化と侵食—。朝倉書店、242p.

[10] Matsukura, Y. and Matsuoka, N., 1996, The effect of rock properties on rates of tafoni growth on coastal environments. Zeitschrift fur Geomorphologie, N. F., Supplement Bd., 106, 57–72.

まず、タフォニは主に塩類風化によってできるとします（第2章29頁）。塩類風化の仕組みが複数ある中で、思い切って主に塩類が析出するときの結晶圧による岩石の引っ張り破壊（第4章55頁）でタフォニが発達していくと考えます。そうして、塩類析出による単位体積あたりの結晶圧を考えます。ひとつの間隙にはたらく結晶圧を P として、間隙を円筒形と近似して次式で表します。

$$P = \frac{4\sigma}{d}$$

ここで d は間隙の径です。σ は、固体と液体の間にはたらく表面張力で、NaCl の場合は 9×10^{-3}N/mm です。

そうして、対象とする物質に n 個の円筒形の間隙があるとして、第 i 番目の間隙を S_i、径を d_i、容積を C_i とそれぞれおくと、間隙 S_i にかかる結晶圧 P_i は、

$$P_i = \frac{4\sigma C_i}{d_i}$$

となります。式が出てきてややこしくなり始めました。たくさんの間隙がある岩体に結晶圧がかかってタフォニができる、1つ1つの間隙を大胆に円筒形だと見なすと、その間隙にかかる結晶圧は円筒の直径と容積で決まる、と考えるわけです（余計にややこしいかも）。

すると、物質の間隙にかかる結晶圧の合計 P_s は、

$$P_s = \sum_{i=1}^{n} \frac{4\sigma C_i}{d_i}$$

です。また、対象物質の体積を V とすると、単位体積あたりの結晶圧 P は、

$$P = P_s/V = \sum_{i=1}^{n} \frac{4\sigma C_i}{d_i}/V$$

です。このとき、物質の密度を ρ（ロー）、質量を M とすると、

$$V = M/\rho$$

よって、上の式を変えて、

$$P = P_s/V = \sum_{i=1}^{n} \frac{4\sigma C_i}{d_i}/V = \sum_{i=1}^{n} \frac{4\sigma C_i}{d_i}\rho/M$$

ここで、第 i 番目の間隙の容積を C_i として、

$$V_i = C_i/M$$

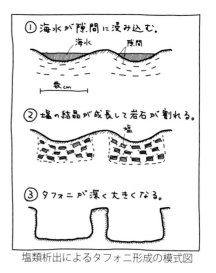

① 海水が隙間に浸み込む。
海水　　隙間
数cm

② 塩の結晶が成長して岩石が割れる。
塩

③ タフォニが深く大きくなる。

塩類析出によるタフォニ形成の模式図

という物理量を間隙体積として定義します。すると、

$$P = P_s/V = \sum_{i=1}^{n} \frac{4\sigma C_i}{d_i}/V = \sum_{i=1}^{n} \frac{4\sigma C_i}{d_i}\rho/M = \sum_{i=1}^{n} \frac{4\sigma C_i}{d_i}\rho V_i/C_i = \sum_{i=1}^{n} \frac{4\sigma \rho V_i}{d_i}$$

V_i は単位体積あたりに第 i 番目の間隙がどのくらいの体積存在するのかを示す量で、水銀圧入法で測定できます。上の式は、文字は多いのですが計算自体はそれほど難しくありません。じっくりと見てください。

3．物質強度を見積もる

営力を見積もったので、あとは物質強度を見積もります。もう一息です。タフォニに対す

る物質強度は、タフォニを作っている地質体の引っ張り強度であるとします。この引張強度を S_t とすると、S_t は調査地域から岩石を持って帰ってきて実験室で引っ張って壊すことで測定できます。このあたり、調査と理論と実験とが組み合わさってきて面白いです。現場で大きさを測ったり、机の上で計算したり、実験したり、地質学って何でもありです。風化や変形の程度に加えて岩石の種類によっても差がありますが、岩石の引っ張り強度は一般に0.5–10MPaほどです。

4．地形形成速度と営力と物質強度の関係式

タフォニができるときの営力と物質強度を見積もりました。そこで、結晶圧 P と引張強度 S_t を用いて、風化のしやすさの指標 WSI を以下の式で設定します。

$$\text{WSI} = \frac{P}{S_t} = \frac{1}{S_t} \sum_{i=1}^{n} \frac{4\sigma\rho V_i}{d_i}$$

これは、ある塩に対する地質体ごとの塩類風化の指標と言えます。そして WSI は、地質体の引張強度と間隙径と間隙体積を測ることで求めることができます。下図は、WSI とタフォニの成長速度（深さを D_d、形成年代を T）との関係を示したグラフです。これより、両者に以下の関係式が成り立つと判断します。

$$\frac{D_d}{T} = 0.130 \left(\frac{P}{S_t}\right)^{0.648}$$

このグラフは、形成速度を他の方法（海成段丘の年代）から求めたデータを使って作った関係式です。条件の異なるさまざまな地域のタフォニのデータから作っているところがミソです。この関係式を使うことで、どのタフォニについても、その岩石の強度から形成速度を見積もることができ

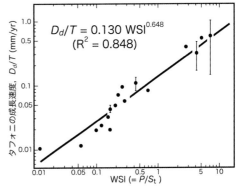

$D_d/T = 0.130\ \text{WSI}^{0.648}$
$(R^2 = 0.848)$

風化のしやすさの指標（WSI）とタフォニの形成速度
Matsukura and Matsuoka (1996) を元に作成

ます。そして、タフォニの大きさ（深さ）を測定すれば形成年代が推定できるのです。地形の形成過程を活用したとても面白い研究です。

5）地形の変化に思いを馳せる

地表の彫刻とも言える地形は、素材である地質体の構造が形に大きく影響するという説明をしてきました。章の最後には、地形ができる速さについての研究例から、地形によっては形成速度も議論できることを紹介しました。地形は見るだけでも楽しいですが、形の原因や形成速度についても思いを馳せることで愛着がさらに湧くと思います。高知県だけでなく、海岸に行くとタフォニをよく見かけます。次からは、タフォニの標高と大きさと石の硬さが気になって仕方がなくなるかもしれません。

8. マグマの流れを観る

　火山噴火は、地震と並んでインパクトの強い地質現象の1つです。「動かざるごと山のごとし」という言葉があるほど、普段は動かないというイメージが山や大地にはあります。そんな中で、噴火と地震動は見てわかるほどダイナミックです。地震動は弾性波（地震波）による振動であるのに対して、噴火は流れによる動きで起こる現象です。地震の波動に対して溶岩の流動です。

　ところで、地質体の流動は地下でも起こっています。溶岩は地下ではマグマと呼ばれます（第1章11頁）。マグマ以外にも、水、石油、天然ガス、液状化した砕屑粒子などが地下を流れます。では、これら地下流体はどのように流れて、どんな地質構造を作るのでしょうか。その様子を地下で直接眺めることは簡単ではありません。しかし、地表に出ている岩体の中には、かつては地下流体（の一部）だったものがあります。この章では、「地下流体の化石」から見えてくる、それらが流れたときの様子について紹介します。

1）地質現象の貫入とは？

　ある地質体が地下で他の地質体に流動的に入り込む現象を、ここでは**貫入**（intrusion）と呼ぶことにします。貫入の一般的な意味だと、貫き方は流動に限りません。流動に限定した言葉としては注入の方がしっくりくる気もしますが、少なくともマグマについては「貫入」と表現するのが構造地質学を含む地球科学では定着しています。

　貫入の要素は、貫入する地質体とその周りにある地質体の2つです。前者を**貫入体**（intrusive body）、貫入体のうち岩石からなるものを**貫入岩**（intrusive rock）とそれぞれ呼びます。もう1つの要素である周辺の地質体は**母岩**（host rock、あるいは country rock）と呼びます。

2）貫入体の分類

① 形を基準にした分類

　右の図は、マグマが地下で貫入している様子を模式的に示したものです[1]。活動中の火山の中を切って観ることは難しく、想像がだいぶ入っています。

　この絵を見て何か気づくことはありますか。濃く描かれているのが貫入体ですが、縦や横や斜めなど方向がさまざまです。また、形も薄いものや丸いものと多様性があります。こういった方向や形には、そうなる理由があ

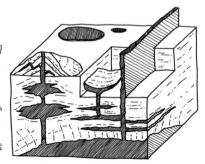

貫入の模式図　[1]を元に作成

[1] Jerram, D. and Petford, N., 2011, The Field Description of Igneous Rocks Second Edition. Wiley-Blackwell, 238p.

ります。それを考える第一歩として、まずは形にもとづいて貫入体を分類していきます。

板状

　母岩に貫入したマグマが冷えてできた貫入岩体には板状のものが多く見られます。板状をした貫入岩体のうち、母岩の地層と高角度で斜交するものを**岩脈**、あるいは**ダイク**（dike、dyke）と呼びます。脈と言うと普通は細長い筋状の形を意味するのですが、岩脈は板状の形をしています。

　ダイクという言葉は、元々はイングランドやスコットランドで壁とか柵といった意味で使われていた言葉で、これは岩脈が母岩に比べて硬いために差別削剥侵食（第7章96頁）によって取り残されて、壁や柵のような地形として現れることに由来しています [2、209-211p]。右の写真は長崎県五島列島福江島の海岸に出ている中新統の火成岩脈で、まさに壁といった形状をしています。また、和歌山県串本町の橋杭岩は海岸に並ぶ壁や柱のような岩体群で、これも岩脈が侵食から取り残されてできた地形です。

壁のような火成岩脈（長崎県五島列島福江島）

　岩脈に対して、母岩の地層と平行あるいは低角度で斜交する貫入岩体は**シル**（sill）と呼びます。日本語で岩床と呼ぶこともありますが、片仮名でシルと言う方が定着しています。シルもイングランドに語源があります。元々は水平な板状の地質体は何でもシルと呼んでいて、それが徐々に現在の使われ方へと変わってきたようです [2、209-211p]。

　右の写真には、岩脈とシルが同時に見えています。崖の黒い部分は主に頁岩でできており、水平に近い方向に層理面が見えます。その中に白く見える貫入岩があります。影の具合から、これらの貫入岩が板状であることがわかります。これらの貫入岩体の板の向きは、層理面を切っている部分と層理面に平行な部分とがあります。先ほどの定義で分類すると、前者が岩脈、後者がシルとなります。

火成岩の岩脈とシル（鹿児島県中甑島）

　母岩に目立った地層がない場合は、どうやって両者を区別するのでしょうか。花崗岩体などではありうることです。この場合のはっきりとした基準はないのですが、母岩が全体として扁平な形をしていることがわかれば、その平べったい方向を基準にします。そうでないときには、板状貫入岩体などと記述して、無理には分類しないのがよいと私は考えています。

[2] Suppe, J., 1985, Principles of Structural Geology, Prentice-Hall, Inc., 537p.

筒状

貫入体は筒状で存在することもあります。その中で、径数百 m 未満で筒のような形をした貫入岩を、岩栓あるいはプラグ (plug) と呼びます。火山における火道の一部がプラグとなる場合が多いと考えられています。

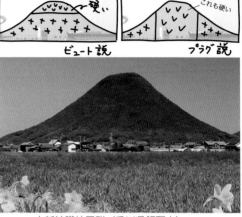

右の写真は、香川県の飯野山です。この山は、標高 422 m とそれほど高くありませんが、その整った円錐形から讃岐富士と呼ばれています。平野にぽっかりと見えるのが印象的です。

飯野山の美しい形ができた要因として、以前は山の上に硬い溶岩の層があって、それがキャッ

中新統讃岐層群（香川県飯野山）

プロック となっているとするビュート説が考えられていました（第 7 章 97 頁）。しかし最近では、この場所に昔の火山があり、その火道がプラグとなって山の柱となっているプラグ説が有力になっています。

塊状

次に、塊状の貫入岩を紹介します。母岩との関係や形の違いにもとづいて細分して、それぞれに名前がつけられています。

例えば右図の上のように、母岩の地質構造に調和的な餅状のものはラコリス (lacolith) と呼びます。ここで言う調和的とは、周りの地質境界を切っていないという意味です。

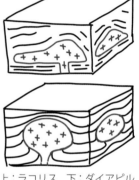

ラコリスに対して、右図の下のように母岩の地質境界に非調和で、球体状あるいは楕円体状や逆さになったしずく状の形をした貫入岩体をダイアピル (diapir) と呼びます。非調和とは、ここでは周囲の地質境界を切っているという意味です。

上：ラコリス　下：ダイアピル

露出のサイズにもとづく呼び方

塊状をした火成岩の貫入岩体は深成岩であることが一般的です。塊状だと内部がゆっくりと冷えて、結晶が大きく成長する時間があるためです。おでんの餅巾着や中華料理の小籠包を食べると、表面は冷めていても中はまだとても熱いことがあります。あのような感じです。

ところで、深成岩は英語で plutonic rock と言いますが、plutonic はローマ神話に出てくる地下世界の神であるプルート (Pluto) に由来します。太陽系の準惑星の 1 つである冥王星もプルートと呼び、こちらも同じ神に由来して名付けられています。ただし、冥王星は主にメタンや氷からできていると考えられており、おそらく深成岩は存在しません。Pluto（冥王星）に plutonic rock（深成岩）はないのです。

そんな深成岩体は一般に巨大で、全体の形がわからないこともしばしばあります。そこで 3 次元的な形ではなくて、地表の露出面積に注目した呼び方もあります。深

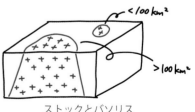

ストックとバソリス

成岩体はマグマが地下で冷えてできた後に、隆起や侵食が起こって地表に出てきます。このときに露出している面積が 100km² より小さなものを**岩株**(がんしゅ)あるいは**ストック**(stock)と呼び、100km² を超える大規模なものを**バソリス**(basolith)と呼びます。高知市の面積が 309km² なので、バソリスはかなり広範囲に露出した深成岩体と言えます。

　バソリスという名前は「深い岩石」を意味するギリシャ語に由来します [2、230p]。これまで何度か紹介したオーストラリア北西部のピルバラ地域は巨大なバソリスが複数露出しています。Google map などの空中写真でこの地域を見ると、周りよりも明るく見える地域が斑点状に分布しています。それぞれが径数十 km から 100km ほどの大きさで、これらは花崗岩からなるバソリス群です。空中写真で見えるのは露出している部分だけで、地下ではもっと広がっているかもしれません。

不規則な形

　不規則な形をした貫入岩体は**コノリス**(conolith)と呼びます。母岩の地質境界には一般に非調和です。

　右の写真はコノリスの例です。海岸に立っている人を参考にして、だいたいの大きさがわかります。母岩は白くて層理面が発達しており、それを切るように黒い火成岩が貫入しています。岩脈と言っても間違いではありませんが、場所によって厚さや傾斜が変わっていることを重視して、ここではコノリスとしました。

コノリスの例：上部中新統－鮮新統白浜層群（静岡県下田市）

② 物質を基準にした分類

　貫入体を作る物質で最も量が多いのはマグマですが、それ以外の地下流体も貫入体を作ります。ここでは貫入体を作っている物質を基準にした分類を紹介します。

マグマが冷えて固まる

　マグマあるいは火成岩体からなる貫入体を**火成貫入岩**(intrusive igneous rock)と呼びます。

　右の写真の岩脈は、安山岩質の火山岩からできた火成岩脈です。現在は冷えてしまっていますが、貫入した時はおそらく高温のマグマでした。マグマの温度は安山岩質のもので 800–1000℃ くらいで、流紋岩質のマグマだともっと低くて 700–900℃、玄武岩質だと安山岩質のものより高くて 1000–1300℃ くらいです。マグマの成分によって温度がけっこう違うのが特徴です。

中新統五島層群に貫入する火成岩脈群
（長崎県五島列島福江島）

砕屑注入岩は液状化でできる

砂や泥などの砕屑物は周囲の地質体（母岩）に入り込むことがあります。このようにしてできた貫入岩体は砕屑物の種類や形にもとづいて**砂岩脈**（sand dike）や**泥ダイアピル**（mud diapir）といった名前で呼びます。また、まとめて**砕屑注入岩**（clastic injectite）とも言います。

砕屑物層は、砕屑物粒子とその隙間を埋める流体（多くの場合は水）からなります。粒子同士が噛み合っているときは固体のように振る舞いますが、粒子同士が噛み合っていないと液体に近い動きをするようになります。これを**液状化**（liquefaction）と呼びます（例えば [3]）。液状化が起こる様子は、多くの web サイトで紹介されています。動画などで見ると砕屑物が母岩に貫入（注入）していく様子がよくわかります。砕屑物が貫入して、その構造を保ったまま続成作用が起こって岩石化すると砕屑注入岩ができます。

天然の地層中に見られる砕屑注入岩の例を下の写真（左）に示しました。写っているのは砂岩脈ですが、一見しただけでは火成岩の岩脈と区別がつきません。実際の調査でも誤って記述してしまうことがあります。それを火成岩脈だと判断するとマグマ活動が、砕屑注入岩だと解釈すれば液状化がその場所で起こったことになり、話が大きく変わります。この場合、貫入岩体の粒子の特徴をルーペや顕微鏡で慎重に観察して判断します。

下の右の写真は、高知県室戸市の黒耳海岸に露出している古第三系室戸層を、UAV を使って空から真下を向いて撮影したものです。黒い泥岩の中に、明るい灰色をした砂岩の板やブロックが不規則に分布しています。この構造も興味深いのですが、それを切るように比較的連続性がよい直線的な筋状の構造が見えます。実際には板状で、周りにある板やブロックと同じ砂岩でできています。これは砂岩からなる砕屑注入岩です。切断関係から、周りの不規則な構造ができた後に貫入が起こったことがわかります。

始新統逆瀬川層群に見られる砕屑注入岩
（熊本県天草上島）

古第三系室戸層に見られる砕屑注入岩
（高知県室戸市）

地下水からの析出物でできる

割れ目を通る地下水から鉱物が析出してできる貫入体もあります。これを**鉱物脈**（mineral vein）と呼びます。鉱物脈を作る代表的な鉱物は、**石英**（quartz、SiO_2）、**方解石**（calcite、$CaCO_3$）、**沸石**（zeolite）などです。沸石は化学組成に幅があり単一の化学式で表すことができないのですが、例えば沸石の中の**方沸石**（analcite）と呼ばれるものの化学式は $NaAlSi_2O_6 \cdot H_2O$ です。鉱物脈は特に小規模なものであれば地質体のいろいろな場所にたくさんできています。また、石英や方解石は露頭で白く見えることが多く、かなり目立ちます。

[3] 龍岡文夫、2000 年、地盤工学入門　第 3 章　土は千人千色―土のプロフィール―。丸善出版、65–102。

鉱物脈は地下水に溶けていた成分からできているため「地下水の化石」とも言えます。ときには金や銀といった貴金属が高濃度で含まれているものもあります。鹿児島県伊佐市の菱刈鉱山は、2023年において日本国内で商業的採掘が行われている唯一の金鉱山です。菱刈鉱山の金鉱脈は、地下浅部を流れた熱水から析出した鉱物脈です。

軟らかい岩体が流れてできる

　粘性の小さい岩体が地下を流れることでも貫入岩体ができます。**岩塩**（halite）は塩化ナトリウム（NaCl）を主体とする岩石で、アジア、ヨーロッパ、アメリカなどでは厚さ数百mの岩塩層を作っていることもあります。岩塩は密度が約 2.2g/cm³ と他の岩石に比べて小さく（例えば、花崗岩は約 2.7g/cm³）、さらに軟らかいため周りの岩体に流動的に入り込んで独特な形の貫入岩体を作ります。これを**岩塩ダイアピル**（salt diapir）と呼びます。

　右の写真は、アメリカ合衆国ユタ州のソルトバレー（Saltvalley）と呼ばれる谷です [4]。地下では3億年前に形成した岩塩層がダイアピルとなり、上位の地層（ペルム系から白亜系）を持ち上げています。上位層の隆起部には割れ目が発達し、そこが侵食されて谷ができています。

ソルトバレーの岩塩ダイアピル（米国ユタ州 アーチーズ国立公園）

3）貫入の仕組み

　地下流体の流れる様子を知ることが、この章の目的です。そのために形や物質にもとづいて分類しました。次は視点を少し変えて、貫入時の母岩の変形に注目します。

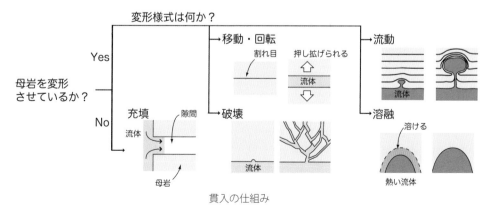

貫入の仕組み

隙間に入り込む

　まず貫入による母岩の変形の有無を見ます。母岩に隙間があって、そこに地下流体が入り

[4] Doelling, H. H., 2003, Geology of Arches National Park, Utah, In Sprinkel, D.A. et al. eds., Geology of Utah's Parks and Monuments Second Edition. Utah Geological Association and Bryce Canyon Natural History Association, 562p.

込んでいくとき、貫入による母岩の変形は起こりません。別の言い方をすれば、このときに流体は母岩に対して仕事をしていません。これは厳密には**充填**（filling）であり、貫入とは言えないかもしれません。ただし、母岩を全く変形させずに充填だけを起こす流体はまれですし、母岩の変形の有無を確実に判別するのも難しいので、ここでは広い意味で貫入の様式の1つと考えます。

　例えば、**ネプチュニアンダイク**（neptunian dike）と呼ばれる貫入岩があります。左の写真はその一例です。人が立っている礫岩層の礫が、砂質の地層に入り込んでいます。これは下位の砂質層に割れ目ができて、そこを埋めるように礫が落ち込んできたと解釈されます。流体の多くは母岩よりも軽い（密度が小さい）ので浮力がはたらき、上方あるいはせいぜい水平に近い方向で貫入することが多いです。それに対して、ネプチュニアンダイクは流れ込むように下に向かってできるのが特徴です。

ネプチュニアンダイク：中新統三浦層群（神奈川県三浦半島）

母岩を押し拡げる

　地下流体が母岩を変形させる場合は、変形の様子に注目します。右の写真は、愛媛県西条市を流れる中山川沿いの湯谷口という場所です。国内第一級の断層である中央構造線の露頭の1つです（例えば [5]）。これを見て、さて、どういう構造になっているでしょうか？

　右下の写真に地質体の分布と名称を書き込みました。露頭の南側には三波川帯の結晶片岩、北側には上部白亜系の和泉層群の堆積岩が露出しており、その間に安山岩のシルが貫入しています。シルが貫入している部分について、結晶片岩と和泉層群はできた環境が異

中央構造線に貫入した安山岩質貫入岩（愛媛県西条市）

なることから、それぞれの岩体ができた後に中央構造線に沿って変位したことがわかります。さらに、そこに安山岩質のマグマが貫入して断層を押し拡げたのだと考えられます。

　このように、既存の割れ目に貫入体が入り込んで母岩を押し拡げたり回転させたりすることがあります。

[5] 池田倫治・後藤秀昭・堤 浩之、2017 年、四国西部の中央構造線断層帯の地形と地質。地質学雑誌、123、445–470。

母岩を破壊する

地下流体が母岩を破壊することもあります。右の写真は、鹿児島県の旧羽島鉱山に見られる鮮新世にできた熱水性の石英脈です。脈の方向がさまざまなことが特徴です。さらに、ジグソーパズルのように母岩が砕かれている箇所もあります。

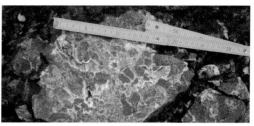

鮮新世の浅熱水型石英脈（鹿児島県旧羽島鉱山）

このように、貫入体の流体圧による破壊で新たに割れ目ができることを**水圧破砕**(hydrofracturing) と呼びます。

母岩を流動させる

ラコリスやダイアピルができるときは、母岩も流動しています。逆に言うと、母岩もある程度軟らかいときに、前述した岩塩ダイアピルなどはできるのかもしれません。

ラバランプというインテリアがあります。水を主成分とした液体で満たされた縦長の照明で、点灯させると色のついたワックスが滴状に浮かんだり沈んだりします。ワックスが浮かんでいく様子はまさにダイアピルのようです。これは粘性率の異なる2つの物質がともに流動的に動くことでできる形です。なお、この照明の名前の「ラバ」は溶岩(lava)に由来します。「ダイアピルランプ」だったらもっと説明しやすいのに、と思ってしまいます。

母岩を融かす

アフォガート(affogato)というイタリアのデザートがあります。アイスクリームやジェラートに飲み物をかけて食べるもので、私の大好物です。例えば、バニラアイスクリームにエスプレッソをかけるのですが、熱で融けたアイスクリームをコーヒーと一緒に口に入れて楽しみます。マグマの貫入でも似たことが起こります。味のことではなくて、変形についてです。高温のマグマが貫入することで母岩が融けることがあるのです。

例えば、高知県室戸岬に露出しているはんれい岩体では母岩の一部が融けたことが指摘されています。はんれい岩は玄武岩と同じ化学組成をしており、マグマの温度は1000–1300℃と高めです。一方で、ここの母岩である砂岩は石英や長石が多く花崗岩に近い化学組成をしており、融点は玄武岩質マグマに比べて低いと考えられます。その結果、貫入時に母岩の一部が融けるのです。

室戸岬はんれい岩と中新統菜生層群の境界（高知県室戸市）

4）肉眼で見える貫入関係の特徴

貫入の仕組みごとに貫入体や母岩に特有の構造ができます（例えば [6、285-335p]）。もちろん、見た目だけでは仕組みを特定できないこともあります。場合によっては、観察している地質構造が貫入関係なのかさえも判断しかねます。

[6] Billings, M. P., 1960, Structural Geology Second Edition Modern Asia Edition, Prentice-Hall, Inc., 514p.

その実例です。左の写真は水平方向の地層が見えていますが、この中に一層準だけ貫入岩体（シル）があります。さあ、それは①〜⑤のどれでしょう。

答えは写真中央部③の白っぽい層がシルです。見分けるにはもちろん知識と経験が必要ですし、専門家でも判断が難しい貫入岩体もたくさんあります。そもそも、この写真一枚だけで判断するには情報が少な過ぎで、現地で観察しなくてはなりません。ここでは貫入岩体およびその周辺で見られる特徴をいくつか紹介します。知っておくだけで、野外で貫入岩体を見つけるコツとして使えますし、その貫入岩体のでき方を考える手がかりにもなります。

グルデイ層［Ghrudaidh Formation］とアイリーン・ダブ層［Eilean Dubh Formation］
（スコットランド アシント湖（Loch Assynt）南）

全ての貫入体に共通する特徴

第3章で、後からできた構造がより古い地質境界を切ったり曲げたりする、と説明しました。これは貫入体でも成り立ちます。

右の写真には3つの種類の岩体があり、貫入関係を確認できます。色が似ていたり、崖を人工的に削った跡が残っていたりと、わかりにくい部分もあります。

貫入岩の切断関係（スコットランド サザランド）

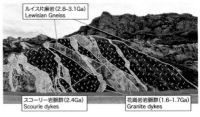

下の図に3種類の岩体の名前と形成した時代を書き込みました。母岩はルイス片麻岩という岩石です。そこに、およそ24億年前に貫入したスコーリー岩脈群と16〜17億年前に貫入した花崗岩質の岩脈群があります。それぞれの岩脈群は、大陸の分裂とその後の大陸衝突のイベントに関係した火成活動でできたと考えられています。

鉱物脈はよく目立つ

鉱物脈を野外で見つけるのは比較的簡単です。認定難易度なる基準を私なりに設けた場合、鉱物脈のそれは星1つと言えるでしょう。

鉱物脈

鉱物脈の顕微鏡写真

特徴としては、母岩の構造を切ることがある、異なる複数の方向が発達することがある、曲がることがある、特定の鉱物が自形で集まっている、などがあげられます。これらの特徴は、鉱物脈を顕微鏡で見るとより一層はっきりします。

火成貫入岩は加熱や冷却の跡が残る

　火成貫入岩も地層など母岩の構造を切っていると認定が簡単ですが、地層と平行に貫入しているシルはわかりにくいです。また、一部しか露出していない巨大な火成岩体も認定しづらいことがあります。そこで、認定難易度はやや高い星3つです。

　火成貫入岩に特有な構造の1つに、**急冷周縁相**（chilled margin）があります。片仮名で**チルドマージン**と呼ぶことの方が多いです。マグマが貫入すると、母岩に近い部分は内部に比べて急速に冷えます。わらび餅を作るときに、加熱して糊化したものを一口大にすくって水に落とすと、表面だけが冷えて形が定まります。これに似ています。マグマの場合、急冷した表面近く（周縁部）では細粒あるいはガラス質の火成岩ができあがり、これをチルドマージンと言います。ゆっくり冷めていく内部ではより粗粒な火成岩ができます。岩脈は、中央部と周縁部で色が異なることがあります。これは、周縁部にチルドマージンができていることが原因です。

　マグマが貫入した場所では温度が上がって母岩が融けることがあると話しました。そこまではいかなくても、加熱によって母岩が再結晶を起こすことがあります。このような変成作用を**接触変成作用**（contact metamorphism）と呼び、マグマの貫入が起こった証拠となります。

凡例
■ はんれい岩　　　　　□ 砂岩泥岩互層
■ 粗粒玄武岩（チルドマージン）　■ 砂岩泥岩互層（ホルンフェルス）

室戸岬はんれい岩体の岩相ルートマップ
（高知県室戸市）

　右上の図は、高知県室戸岬の海岸の様子です。接触変成作用でできた塊状緻密な岩石を**ホルンフェルス**（hornfels）と呼びます。

　火成岩からなる貫入岩体に見られる他の特徴として、**捕獲岩**（xenolith）があります。片仮名で**ゼノリス**と呼ぶことも多く、これは貫入岩に取り込まれた母岩片のことです。右の写真において、主体となっている明るい灰色の部分は花崗岩です。その中に濃い灰色をした部分が点々とあり、これらがゼノリスです。ゼノリスは、地域ごとの母岩によって岩石種が異なり、その特徴を利用して対象地域の地下深部の岩石を推定することに使われることがあります。

中生代の花崗岩中のゼノリス
（米国カリフォルニア州ヨセミテ国立公園）

砕屑注入岩は見つけにくい

　3つ目に砕屑注入岩です。母岩と同じ砂や泥からできていることが多いため、気づかない

111

ことがよくあります。さらに層理面と平行な砕屑シル
は方向まで堆積層と同じなので、その識別は至難の技
です。というわけで、認定難易度は最高の星5つです。
　砕屑注入岩の特徴は、堆積構造がないことです。堆
積していないのだから当たり前のことですが、砕屑
注入岩の中には堆積層と平行に貫入しているものがあ
り、一見すると堆積層との区別がつきません。ただし、
堆積層であっても目立った堆積構造が発達していない
こともありますので、それがないからといってただち
に砕屑注入岩だと言えるわけでもありません。

古第三系室戸層に見られる砕屑注入岩
（高知県室戸市）

5）花崗岩マグマはどのように上昇してくるのか

　地下流体の形、種類、変形の仕組み、をまとめてきました。これらは地下流体の化石とも
言える貫入岩体を観察することでわかります。では、これらの観察をたよりに地下流体の流
れる（流れた）速さを考えることはできるでしょうか。この章の最後の話題として、花崗岩
マグマの上昇過程についての考察を紹介します [7]。

　マグマ溜まり（magma chamber）という言葉があります。地下でマグマが集積している
場所のことで、何かのきっかけによってそこからさらに上部へと貫入が起こり、地表に到達
すれば噴火が起こります。

　マグマ溜まりは、より深部から花崗岩マグマが上がってくることでできると考えられてい
ますが、ここで問題にするのは花崗岩マグマがどのようにマグマ溜まりまで上昇してくるの
かということです。花崗岩マグマの上昇過程として、ダイアピル状で上昇したと考える説と、
岩脈やシルといった板状で上昇したと考える説の2つがあります。

ポイントは母岩やマグマの粘性率

　ここで考察のポイントとなるのは、母岩と花崗岩マグマの**粘性率**（viscocity）です。

　粘性とは物が流れているときに、流れている方向と平行にかかる抵抗のことで、剪断力 F、
面積 S、速さ v、距離 z を使って、

$$\frac{F}{S} = \eta \frac{dv}{dz}$$

で表され、このときの係数 η（イータ）を粘性率と呼びます。

　粘性は全ての物質が持っている性質ですが、粘性率
は30–40桁にわたる幅があります。気体や多くの液
体は粘性率が小さく、流動しやすくてサラサラとし
た感じを受けます。一方で、一部の液体や固体は粘
性率が大きくて、流動するときにドロドロといった
感じを受けます。さらに固体の多くは粘性率がとて
も大きくて日常の感覚では流れている印象を受けません。
身近な物質の粘性率を右の表にまとめました。

物質	粘性率(Pa·s)
空気	10^{-5}
水	10^{-3}
シャンプー	10^{-0}
マグマ	$10^2 - 10^6$
氷河・氷床	$10^{13} - 10^{15}$
地球の地殻	$10^{18} - 10^{30}$
地球のマントル	$10^{20} - 10^{21}$

身近な物質と地質体の粘性率

■ [7] 高橋正樹・石渡 明、2012 年、フィールドジオロジー8　火成作用。共立出版、202p。

① ダイアピル説

　さて、マグマの上昇過程がダイアピルで起こる場合、上昇する速度は母岩の粘性率の影響を大きく受けます。ここで、マグマの上昇速度を V_{dp} とすると、

$$V_{dp} = \frac{2\Delta\rho g r^2}{9\eta_h}$$

という式で近似されます。

　ここで $\varDelta\rho$ はマグマと母岩の密度の差、g は重力加速度、r は花崗岩マグマ体の半径を、それぞれ表しています。また、η_h は母岩の粘性率で、大陸地殻の一般的な粘性率は 10^{18}–10^{30}Pa・s 程度の値です。上記の式を計算すると、ダイアピルによって花崗岩マグマが $1\,\mathrm{km}$ 上昇するのにかかる時間は 3000 年から 30 万年ほどになります。

② 板状貫入説

　マグマの上昇が岩脈やシルといった板状貫入体を作るように割れ目の充填あるいは割れ目を押し拡げながら起こる場合、上昇する速度はマグマの粘性率の影響を大きく受けます。

　マグマの上昇速度を V_{dk} とすると、

$$V_{dk} = \frac{g w^2 \Delta\rho}{12\eta_m}$$

という式で近似できます。

　ここで、g は重力加速度、w は板状貫入体の幅、$\varDelta\rho$ はマグマと母岩の密度差です。また、η_m はマグマの粘性率で、10^4–10^6Pa・s 程度の値です。上記の式を計算すると、岩脈やシルで花崗岩マグマが $1\,\mathrm{km}$ 上昇するのにかかる時間は長くても 12 日ほどとなり、ダイアピル説による見積もりに比べると圧倒的に早くなります。

　以上のことから、地殻底部でできた花崗岩マグマは、右の図で示したような感じで主に岩脈やシルによって上昇している、という説が現在のところ有力です。

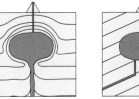

マグマ上昇のモデル

6）マグマは隙間を探していく

　前章まで話してきた節理や断層は主に破壊と摩擦すべりで起こる変形でしたが、貫入はそれらに加えて流動も関わった変形です。また、流動のしやすさ（粘性率）は物質や状態による違いが大きいので、貫入ごとに変形速度も大きく異なります、貫入による構造の多様性は、これらの特徴によって生じていると言えるでしょう。

　この章は、「マグマの流れを観る」というタイトルにしましたが、その答えとしては、「周りの隙間を探していく。ときには、割ったり、曲げたり、融かしたり」とまとめられます。マグマに代表されるような地下流体の構造を見ていくことで、モノの流れ方が気になり始めるかもしれません。

9. 褶曲を100倍楽しむ方法

褶曲 (fold) は断層と並んで馴染みのある地層の変形構造です。硬い地層が褶曲しているのを見ると、地球の歴史の長大さを感じるのは私だけではないはずです。また、巨大な岩石が割れずに曲がるのは、よく考えると（よく考えなくても）不思議です。そこで、褶曲の特徴やでき方について、この章と第10章で取り扱います。

この章の前半は、褶曲を観察するときにどのようなところに注目すれば良いのかを紹介します。後半では、ロールケーキを使った褶曲の演習に取り組みます。

1）褶曲とは

褶曲は変形によってできる

まずは言葉の定義から始めたいと思います。ここでは褶曲を、ある地質構造を見たときにそれが変形によって曲がっていること、と定義します。この定義にはちょっと厄介なところがあります。定義の意味はわかりやすいのです。厄介なのは「変形によって」と構造ができる過程を入っていることです。形だけからでは判断できないわけです。

例えば、右の写真を見てください。砂岩（白い）層と頁岩（黒い）層からなる地層が曲がっています。迫力があります。でも、どうして曲がったのだとわかるのでしょうか。最初からこういったS字の形で地層ができた可能性はないのでしょうか。ここでは、堆積層は堆積したときには概ね平らであるという考えが予め入っています。なので、この曲がりは変形によってできたと考えて、褶曲と判断するわけ

古第三系牟婁層群（和歌山県すさみ町）

です。

　このとき暗黙のうちに「この地層は、もともとはもっと平らだったのだ」という解釈を入れているわけです。これは基本的なことですし当たり前のようにも思えます。実際に、これまでに紹介した節理も断層も貫入構造も、実は、割れたとかズレたとか貫入したとか定義の中に動きが入っています。この中で、割れていることとズレていることは、地質体の別の構造を切ることで地質体の形成後にできた構造というのが比較的わかりやすいです。それに対して、貫入関係は確認が難しい場合があることを第8章で紹介しました。褶曲の場合も、貫入と似たような事情があります。

変形していないと褶曲とは呼ばない

　地質構造の中には、始めから曲面状あるいは曲線状をしているものがけっこうあります。例えば、リップルマークは水の波や流れによって未固結の砕屑物表面にできる微地形で [1、109p]、地質学では一般に変形構造とは見なさずに堆積構造として扱います。シーティング（第2章26頁）のように丸い形で割れる節理もあります。また、地質構造ではありませんが、木の年輪は初めから円筒状をしています。これらの構造は、変形によって曲がったわけではないので褶曲には含めません。ですので、褶曲だと認定するときには、その構造が（元々は今よりも平らであったものが）曲がってできたと判断する必要があります。

褶曲の要素

　褶曲の要素は、**ヒンジ帯**（hinge zone）と**翼**（limb）の2つです。平たく言うと、ヒンジ帯は曲がっている部分、翼は真っ直ぐな部分です。

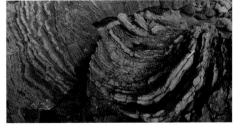

三波川結晶片岩（高知県本山町）　　　　　　　古第三系室戸層（高知県室戸市）

　ヒンジ帯は褶曲の中で曲率が大きい部分と定義します。定量的な解析をしたいなど、より厳密な定義が必要な場合には「曲率が○○より大きい部分」と数値で定めることもできます。翼は褶曲の中で曲率が小さい部分と定義します。あるいはヒンジ帯以外の部分と言うこともできます。

　両者の割合は褶曲によって異なり、上の左側の写真のように翼がはっきりと認識できる褶曲もあれば、上の右側の写真のようにヒンジ帯と翼との境界がよくわからないものもあります。

2）褶曲の形

　上の写真でもわかるように、ひと目でわかるような形の違いが褶曲にはあります。そこで、ここからは褶曲の形について説明していきます。節理や断層や貫入に比べると、形を表す用語が多いことが褶曲の特徴です。少し説明が長くなりますので、この部分は一度読み飛ばし

[1] 日本地形学連合編、2017年、地形の辞典、朝倉書店、1018p。

て、必要に感じたときに読み直すようにしてもかまいません。

最も曲がっている部分

まず、ヒンジ帯の中を詳しく分類します。褶曲が観察できる任意の面におけるヒンジ帯の中で、曲率が最大の点を**ヒンジ点**（hinge point）と呼びます。ヒンジ帯が幅を持った領域であるのに対して、ヒンジ点は文字通り点で決まります。「ヒンジの中のヒンジ」と言えるでしょう。

次に、同じ地層のヒンジ点をつないでできる線を**ヒンジ線**（hinge line）と呼びます。褶曲を山で例えると、稜線にあたる部分がヒンジ線にあたります。

ヒンジ点とヒンジ線

褶曲軸面は混乱して使われている

1つの地層に注目して、ヒンジ点をつないでヒンジ線を決めました。良い調子です。では、それぞれの地層のヒンジ線をつないでできる面は何と言うでしょうか。もう想像がつくと思います。これは**褶曲軸面**（axial surface）と呼びます。え？ 思ったのとぜんぜん違う？ そう

なのです。先ほどからの流れだとヒンジ面と呼びそうですが、なぜかそうではありません。

褶曲軸面という用語の経緯を知らないのですが、おそらく時代とともに褶曲軸面の定義が変わっていって、現状は上記した意味に落ち着いているのだと私は推測しています。褶曲軸面に限らず、褶曲に関する用語は日本でも海外でも混乱が見られます。そのことに関する文献もありますので、気になった人は読んでみてください[2、3]。ヒンジ面という用語

褶曲軸面：石炭系ストラスクライド層群 [Strathclyde Group]（スコットランド セント・アンドリューズ）

は現在のところありませんが、いずれはそう呼ばれる日が来るのかもしれません。なお、褶曲軸面は平面でない場合があることも注意しておいてください。

褶曲を波として見る

褶曲は、ヒンジ帯と翼が繰り返して波のような形をしていることがよくあります。その場合、翼の途中で曲がる方向が変わる部分があります。つまり、山と谷との変わり目で、これを**変位点**（inflection point）と呼びます。また、変位点を結んだ面を中位面と呼びます。

波状なので、**波長**（wavelength）や**振幅**（amplitude）を決めることもできます。波長はとなりの山頂あるいは谷底までの距離、と定義します。振幅は言葉できちんと定義するとやや

波長と振幅：三波川結晶片岩（高知県本山町）

[2] 佐藤 正、2003年、地質・土木技術者のための地質構造解析20講、近未来社、398p。
[3] 山路 敦、2017年、あなたの言う褶曲軸とは何ですか？、日本地質学会News、20、25–27。

こしくて、「中位面と褶曲包絡面の間における褶曲軸面方向の距離」となります。すごいです。ここで褶曲包絡面とは隣の山同士あるいは隣の谷同士のヒンジ線をつないでできる面のことです。波長や振幅は、日常生活で使う波長や振幅とほぼ同じ意味なので、言葉で覚えておかなくてもほとんどの場面で問題はありません。

閉じた褶曲と開いた褶曲

　ヒンジ帯を挟んだ２つの翼がなす角度を**翼間角**（internal angle）と呼びます。下の３つの写真は、それぞれで翼間角の異なる褶曲です。ずいぶんと曲がり方が違う感じがします。基本的には、たくさん歪んだ褶曲ほど翼間角が小さくなっていきます。

　本題とはあまり関係ありませんが、３つの写真を並べて気がついたのは、翼間角が大きいほどスケールの人物が小さく写っていることです。これはおそらく、翼間角が大きいほど褶曲全体の形を把握するために広い空間が必要であることと関係しているのだと思います。それはつまり、翼間角が大きい褶曲ほど露頭では認識しづらいことを意味します。もちろん翼間角だけでなく、波長や振幅も影響はします。ただ、これはちょっと面白い発見でした。

　翼間角は褶曲の形がわかりやすいので、特徴を説明するときによく使われます。角度が大きいものを**緩やかな褶曲**（gentle fold）とか**開いた褶曲**（open fold）と呼び、反対に角度が小さいものを**閉じた褶曲**（closed fold、tight fold）と呼びます。Gentle（緩やかな）とかtight（窮屈な）といった表現は、それぞれの特徴の感じがよく出ている上手い言い回しだと思います。さらに翼間角の角度まで測って記載しておくと、後日見返したときや、それを呼んだ人が、記載されている褶曲をより具体的に思い描けるようになります。

左：三波川結晶片岩（高知県本山町）　中：古第三系幡多層群（高知県土佐白浜）　右：古第三系室戸層（高知県室戸市）

褶曲は３次元的な構造である

　ここまで説明してきた褶曲に関する名称について、図に示してまとめました。この図を参考にすると、褶曲を観察する際には例えば次のような項目を記述することができます。

・褶曲軸面の走向と傾斜
・ヒンジ線の方向
・波長と振幅の大きさ
・翼間角
・ヒンジ帯の幅

褶曲の模式図

このように節理や断層に比べると名称が多くてややこしいのは、面構造がその名の通り2次元的な構造であるのに対して、褶曲は3次元的な構造だからです。

3）褶曲の分類

　ここからは褶曲の分類をしていきます。これまでに取り上げてきた地質構造と同じく、どこに注目するかで分類の仕方は無数にあります。まずは、形にもとづいた分類をいくつか紹介します。一口に形と言っても、どういったところを基準にするかはさまざまです。ですので、同じ褶曲を観察する場合でも基準によって呼び方が変わります。

① 形にもとづいた分類

山型の褶曲
　山型をした褶曲を**アンチフォーム**（antiform）と呼びます。下の写真は、天然の地層を模して、青のりとイカ粉の層で作ったアンチフォームです。この実験は、比較的簡単に行うことができます。まず、市販の CD ラックや水槽などのアクリル容器に木の板を立て、青のりとイカ粉を交互に敷き詰めて地層を模した層を作ります。次に、木の板を水平に動かすことで地層と直交する短縮変形を起こすとアンチフォームができます。実験の動画を web サイトに掲載しましたので、褶曲していく様子を見てください。

青さ粉とイカ粉層で作ったアンチフォーム（高知大学理工学部）

谷型の褶曲
　アンチフォームに対して、谷型の褶曲は**シンフォーム**（synform）と呼びます。下の写真は天然のシンフォームの例で、新潟県の長岡市に露出している鮮新世から更新世に堆積した魚沼層という地層です。ヒンジ帯が草に覆われていたり水に浸かっていたりしてやや見づらいですが、写真の両端で地層の傾斜方向が向かい合っているのがわかります。
　新潟県の新生代の地層は、海岸線とほぼ平行なヒンジ線を持つ褶曲が発達しています。このことは地質学の業界ではわりと有名で、特に長岡市ではヒンジ線と平行に山地や平野も延びていて、「新潟方向」なんて呼ぶこともあります。佐渡ヶ島の島の形も、この褶曲構造の影響を受けています。

鮮新統−更新統魚沼層（新潟県長岡市）

単斜
　山型や谷型は作らずに、地質構造が曲がって部分的に傾斜が変わっている構造を**単斜**（monocline）と呼びます。次頁上の写真は単斜の例です。あまりはっきりとはしていません

が、水平に近い地層が、写真の左側では傾いていることがわかります。この写真では、地層は曲がっているだけでなく、断層によってズレてもいます。このように、褶曲と断層は同じところにセットでできていることもよくあります。

中新統五島層群（長崎県五島列島福江島）

右図は単斜ができる例を示した模式図です。図では、変動によって鉛直方向に変位が生じています。このとき、地下深部は地層が硬く、歪みの多くは断層に集中します。それに対して、地表近くで堆積したばかりの軟らかい地層や土壌がある場合には、断層ではなく褶曲によって変形します。そうしたところでは単斜ができることがあります。

また、アンチフォームやシンフォームの一部だけが露出していて単斜に見えることもあります。

単斜

複数の波が重なった形の褶曲

褶曲は波状をしていることがあると言いましたが、単純な波だけではなく、異なる波長や振幅をもった複数の波が重なった形をした褶曲もあります。このような褶曲を**複褶曲**（composite fold）と呼びます。

右の写真は複褶曲の例です。これは、愛媛県西条市の河原で拾った三波川結晶片岩です。少なくとも2つ以上の異なる波長の波が重なっています、複褶曲は変成岩に見られることが多いのも特徴です。

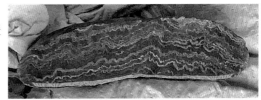
三波川結晶片岩（愛媛県西条市）

平行褶曲

ヒンジ帯から翼まで層厚がほとんど変わらずに一定である褶曲を**平行褶曲**（parallel fold）と呼びます。右の写真は平行褶曲の例です。これは高知県本山町の汗見川沿いで拾った三波川結晶片岩です。平行褶曲の特徴は、1つのヒンジ帯を見たときに層理面ごとに波の形が変わっていることです。写真では上に向かってヒンジ帯の幅が広がり、そのうちに2つに分かれていって、地層は四角い形になります。こういった部分は、その形から**箱型褶曲**（box fold）と呼ぶことがあります。

三波川結晶片岩（本山町汗見川沿い）

右の写真は大規模な箱型褶曲の例です。露出していない部分が一部あるのでわかりにくいかもしれませんが、ヒンジ帯が2つあり、その間の地層は水平に近い姿勢をしています。2つのヒンジ帯の間に、もう1つ翼間角が180°に近いとても緩い褶曲があると見ることもできます。この褶曲の下位は露出していませんが、

中新統五島層群（長崎県五島列島福江島）

119

おそらくは平行褶曲が発達しているのだと私は推測しています。

相似褶曲

平行褶曲と違い、ヒンジ帯と翼とで層厚が変わり、上下の地質境界の形が同じ褶曲を**相似褶曲**（similar fold）と呼びます。

右の写真は露頭で見られる相似褶曲の例です。相似褶曲は、褶曲軸面に平行に測った地層の幅がほとんど一定になります。

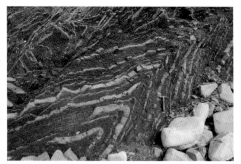

古第三系 – 新第三系日南層群（宮崎県日南市）

墨流し状褶曲

褶曲の中には墨を流したような不規則の形をしたものもあります。名前をつけて呼ぶことはあまりありませんが、墨流しのような形と表現している文献もあります [2]。そこで、例えば**墨流し状褶曲**（marbling fold）という呼び方は良いのではと私は考えています。

右の写真は高知県室戸市の海岸で見られる墨流し状褶曲の例です。不規則な形とは以下のようなものです。

・褶曲軸面が曲面である
・ヒンジ線が曲線である
・波ごとに波長・振幅・翼間角が異なる

古第三系室戸層（高知県室戸市）

このような特徴から記述が難しく、調査の際は「不規則な形をしている」の一言で片付けてしまうことが多いです。しかし目的によっては丹念に大きさや方向を測ることで、ばらつきはありつつも特徴が見られることもあります。

金太郎飴状の褶曲

ヒンジ線が直線的で、ヒンジ線に直交する面はどこでも同じ形をしている、いわば金太郎飴のような形をした褶曲を**円筒状褶曲**（cylindrical fold）と呼びます。墨流し状褶曲とは対照的に、3次元で見た場合でも幾何学的な形をしているため、特徴を記述しやすい褶曲です。

右の写真は、熊本県天草下島に露出していた円筒状褶曲の例です。これは褶曲の形を3次元的に観察できる状態で露出していた大変珍しい例です。野外では褶曲の形を3次元的に観察できることは稀なので、限られた露出から立体的な形を推定する必要があります。円筒状褶曲ではヒンジ線の方向を**褶曲軸**（fold axis）と呼び、円筒状褶曲の形を示す絵は褶曲軸と直交する方向から描く場合が多いです。

高浜変成岩（熊本県天草下島）

② 層序にもとづく分類

　ここまで紹介してきた形による分類とは別に、褶曲には層序にもとづいた分類もあります。層序とは地層が重なる順序のことです。この分類法は褶曲を野外で把握するときに大変役立つもので、よく使われます。

　地層が褶曲すると、ヒンジ線あるいは褶曲軸面を中心として両側に同じ地層が表れます。このときに、古い地層ほど中心に出ている褶曲を**背斜**（anticline）と呼びます。また、背斜の中で地層の新旧の方向が逆転する部分を**背斜軸**(anticlinal axis)と呼びます。背斜に対して、新しい地層ほど中心に出ている褶曲は**向斜**（syncline）と呼びます。そして、向斜の中で地層の新旧方向が逆転する部分を**向斜軸**（synclinal axis）と呼びます。

背斜とアンチフォームは同じではない

　右に示した背斜の図は、形に注目すると山型の褶曲ですのでアンチフォームです。同様に右に示した向斜の図は谷型なのでシンフォームです。

　堆積層は堆積時には下位ほど古いので、そのまま褶曲を作るとアンチフォームが背斜、シンフォームが向斜となります。ところが、新旧が逆転した地層が褶曲すると関係が逆になり、シンフォームの形をした背斜やアンチフォームの形をした向斜ができます。そして、プレート収束帯などで複雑に変形した地層では実際にそういった構造ができるのです。

　アンチフォームとシンフォームの呼び方と背斜と向斜の呼び方の違いは大変紛らわしく、専門書でも言葉の使い方がしばしば混乱しています。高校地学の教科書でも未だに混乱が見られます。これは「教科書ですら、つねに正しい（あるいは最新の）情報が載っているとは限らない」こと、そして「地質学が学問としてまだまだ成熟していない」ことの良い例だと私は考えています。

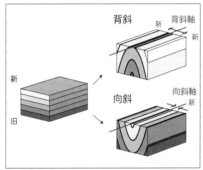

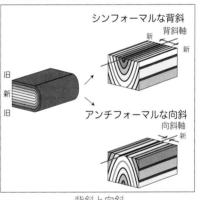

背斜と向斜

ロールケーキで考える

　では、なぜこのような紛らわしい分類法がどちらとも使われているのでしょうか？それを考えるために、ロールケーキを使った演習をします。ここでは、あの渦巻の形を褶曲と見なします。みなさんもロールケーキを準備して試すと理解しやすいです。新旧関係がわかる3つ以上の層が曲がっている構造であれば、他の物で代用しても構いません。

　ロールケーキには、①スポンジ本体層（キツネ色）、②スポンジ表面層（茶色）、③クリーム層（白色）の3層があるとして、それらが、①、②、③の順でできたことにします。

　次に、このロールケーキを層に直交する方向で3つに切り分けます。このときに、真ん中の部分にはヒンジ帯（曲がっている部分）が入らないようにします。

ロールケーキ

演習問題1：シンフォームを観察しよう

　切り分けた中でヒンジ帯が入っているものを選んで、シンフォームになるように置きます。置いたら、シンフォームの構造がわかるように写真を撮ります。そして、ヒンジ線と褶曲軸面がどこにあるのかを写真に描き込んでいきます。ロールケーキの形によってはヒンジ線が複数存在する場合もありますが、どれか1つを選んで描くことで構いません。

　下の写真のようにヒンジ線と直交する方向と斜め

ロールケーキのシンフォーム

の方向の最低2方向から撮影すると作業がしやすいです。それ以外の方向からも観察すると見る角度によって様子が変わります。

　ヒンジ線は無数にあるので場所はあまり気にする必要はありません。ここでは方向が大切です。褶曲軸面は、このロールケーキの場合、ヒンジ点が不明瞭なのではっきりと決めるのは簡単ではありません。おおよその形で平面に取ってもよいです（右の写真のa）。あるいは、少し厳密にヒンジ線を決めてから、それをつないで曲面として認定してもよいです（写真のb）。実際の褶曲でこれらの部位を認定することの難しさも合わせて感じることができれば、この演習の意味がより一層出てくると思います。

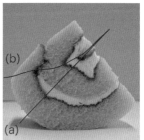

ヒンジ線の例

演習問題2：背斜か向斜か？

　次に、最初に切り分けたロールケーキの欠片のうち、ヒンジ帯が入っていないものを持って来て、層理面が鉛直になるように置きます。はじめの状態を知らないでこの欠片だけを見たら、これがロールケーキ、つまり褶曲しているとは気がつかな

いかもしれません。それは、曲がっている部分であるヒンジ帯が見えないためです。でも、この欠片も全体としては褶曲しているロールケーキの一部なのです。

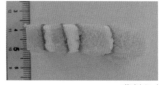

背斜か向斜か？

　それでは、この部分の各層について、新しい側、つまり層序的な上位方向を判断して矢印で描き込んでいきます。下の写真だと、11あるいは12の層が確認できますが、全ての層について新旧の向きを矢印で描き込んでいきます。できたでしょうか？　次頁の写真に矢印と褶曲軸面を書き込みました。これより、褶曲の種類は向斜だとわかります。

　ここから言えることは、ヒンジ帯が見えていなくても褶曲と言える場合があるということです。実際の地層では、部分的にしか露出がなかったり侵食が進んでいたりして、ヒンジ帯

が見えない場合もよくあります。ヒンジ帯が確認できない褶曲は山型か谷型かの分類ができないことがあります。そのような場合でも、地層の新旧関係、つまり層序に注目して背斜か向斜かであれば分類ができるのです。

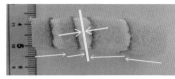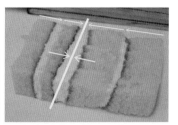

解答例：矢印の向きが新しい方（層序的上位）を示す

演習問題3：背斜軸の場所はどこ？

最後に野外での例を紹介します。写真の地層は、あるところで新旧関係が逆転する背斜構造をしています。では、背斜軸の場所は ①〜④ のどこでしょうか。

実際には現場で観察して地層ごとに上位方向を決めていく必要があります。この写真からだけではそれはわかりませんので、今回は勘を頼りに考えてください。

① ② ③ ④　 ←①←②←③→④→

古第三系室戸層（高知県室戸市）

それでは答えです。右の写真に地層の上位方向を描き込みました。というわけで、③が背斜軸の位置です。

4）褶曲は断層とは次元が違う

褶曲の特徴と分類の例を紹介してきました。第4章で紹介した節理や第5章で紹介した断層も多様でしたが、褶曲はその程度がより大きいように感じます。節理や断層は歪みが節理面や断層帯に面的に集中しているのに対して、褶曲の歪みは幅をかなり持ってヒンジ帯を作ります。また、翼の多くは地層の元々の向きから傾いています。その結果、変形が目立つ立体的な構造として褶曲は捉えられることが多いです。誤解を恐れずに言えば、節理や断層が2次元的な変形構造であるのに対して、褶曲は3次元的な変形構造なのです。

野外で褶曲を見つけるには、褶曲の形だけでなく、地層の新旧方向を見極める知識と観察力も必要です。地層の新旧方向の決定には、堆積学や層序学といった分野で学ぶ知識や技術が役立ちます。地質学に限った話ではありませんが、野外調査は複数の分野の知識と技術を使った総合問題です。自分が学んだこと勉強したことを組み合わせることで、自分なりの解き方を編み出すことができるかもしれません。

他の地質構造とは一味違う褶曲について、3次元的な見方や変形以外の部分に注目した判読を身につければ、今までより100倍！とはいかなくても、1.2倍くらいは楽しく観察できるようになるかもしれません。

10. 集中するか発散するか、それが問題だ

　2022年12月22-24日にかけて、高知の平野部にしては珍しい大雪が降りました。高知市では、それまでの観測史上最高である14cmの積雪があり、私が勤めている高知大学の朝倉キャンパスでは20cm以上も積もりました。これまでの人生の大半を西日本の平野部で過ごしてきた私にとって初めての経験でした。

　23日の夕方になっても降り続く雪を見ながら、これは二度とない機会かもしれないと思い、研究室にあった青さ粉を白銀のグラウンドの片隅に撒いてから帰宅しました。さて、明くる日の朝グラウンドに行くと、期待した通りに青さ粉の層の上に雪がさらに積もっています。そこで、学生さんたちと一緒に積雪層の変形実験を行いました。青さ粉の層が目印となって、変形の様子がよく見えるというわけです。

積雪層の短縮実験

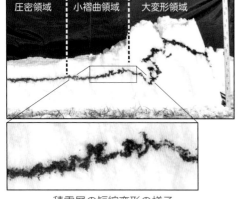

積雪層の短縮変形の様子

　変形後に一部を削り出して作った露頭の様子が左の写真です。近づいて観察すると、板で層を押した写真の右側から左に向かって順に、層が大きく変形して断層や褶曲が発達している領域、細かな褶曲が数多くできている領域、目立った変形は認められない領域、と大きく3つに分けられることがわかりました。そして、目立った変形がないところでも、周りのふわふわとした場所に比べると、かさ密度が倍程度になって、変形層全体で雪が押し固められていることを確認しました。

　この実験から私が感じたことは、物体が歪むときには全体が一様に歪む場合とそうでない場合とがあるぞ、ということです。歪みが一様でない場合、何が歪みの分配を決めるのでしょうか。また、そもそも歪みが一様に進行するか否かは何によって決まるのでしょうか。実験をすると次から次へと疑問が湧いてきます。

　どちらも難しい問いですが、この章ではそういった問題を考えるとっかかりとして、前半では褶曲の形を決める条件の一例を紹介します。そして後半では、歪みが集中するのか、あるいは一様に発散して起こるのかを決める条件について紹介します。

1）褶曲は不均質歪みでできる

　まずは、歪みを2種類にわけるところから始めます。歪みのうち、物体内部の直線は直線

のまま、平行線は平行のまま保存されるものを**均質歪み**（homogeneous strain）と呼びます。模式図を右に示しました。これを見ると整然と歪んでいる（おかしな表現ですが）、そんな感じがします。

均質歪み

　歪みを数学的に記述する方法の一つに**歪みテンソル**（strain tensor）があります（例えば[1]）。応力テンソルと同じで、歪みテンソルは2次元の場合には2×2行列、3次元の場合には3×3行列で表すことができます。ただし、テンソルで表現できるのは均質歪みのみです。別の言い方をすれば、1つの歪みテンソル（行列）で表現できる歪みが均質歪みとも定義できます。褶曲との関係で言えば、真っ直ぐあるいは平らな構造は均質歪みでは曲がらないので、新たに褶曲はできません。

不均質歪み

　均質歪みの定義は相当に強い制約で、かなり特別な歪みと言えます。自分で均質歪みを作ろうと思ったらそう簡単ではありません。豆腐だったらできるでしょうか。あるいは寒天なら可能でしょうか。そのようなわけで、現実のほとんどの歪みは、直線であったものが曲線になり、平行であったものは平行ではなくなります。このような均質歪み以外の歪みを**不均質歪み**（inhomogeneous strain）と呼びます。模式図を右に示しましたが、ぐにゃっとした様子がいかにも歪んでいる印象を与えます。

不均質歪み

　不均質歪みは、1つの歪みテンソルでは表すことができません。では、数学的に記述したいときはどうすればよいのでしょうか。一つの方法は、対象領域を複数に分けて、それぞれを均質歪みで近似して表すことです。

　では、どのくらいの数の領域に分ければよいのでしょうか。これは目的によります。正確さは多少目をつぶっても簡単にあるいは短時間におおよそで歪みの様子を捉えたいのであれば、数個程度の領域に分ければ手計算でも済みます。一方で、全体の歪みをできるだけ正確に表現したい場合には、多くの領域に分けて表現するほど実際との差は小さくなっていきます。その代わりに計算量は増えて労力がかかります。正確さと手間のどちらを優先するかで領域の分け方を決めるわけです。

　さて、褶曲に注目して考えてみましょう。直線が曲線になるということは褶曲が新たにできることを意味します。つまり、褶曲は歪み具合が場所によって異なる、すなわち不均質歪みでできる構造なのです。ということは、歪みの分配がどのように起こるのかを知ることが、褶曲ができる過程を理解する鍵になりそうです。

2）褶曲の形はどうやって決まるのか

　では、褶曲の形はどうやって決まるのかを考えていきます。第7章の地形のでき方で説明したのと同じように、その要因は大きく2つあります。1つは外力の違い、もう1つは変形する地質体の強度です。地形は彫刻に例えましたが、褶曲は何で例えられるでしょうか。陶芸や粘土細工でしょうか。外力については、第6章で紹介した応力と歪みの関係を考えると、

[1] 山路 敦、2000年、理論テクトニクス入門 —構造地質学からのアプローチ—。朝倉書店、287p。

応力テンソルによって歪みテンソルが変わりますので、結果として褶曲の形が変わることになります。

　ここでは、地質体の強度が与える影響について考えます。強度の特性はいろいろありますが、話を簡単にするために、ここでは大きさだけを考えることにします。地形では、場所による強度の違いによって差別削剥が起こることを紹介しました。褶曲も強度の場所ごとの違い、すなわち強度構造が形に大きな影響を与えます。

さまざまな形の褶曲
高知県本山町汗見川沿いで採取した三波川結晶片岩類

座屈褶曲を例として

　地質体の強度構造が褶曲の形に影響を与える例として、**座屈褶曲**（buckling fold）と呼ばれる褶曲の波長について考えます。なお、これから紹介するものと同様の内容は他の文献でも説明されています（例えば [1、148–151p]、[2、289–301p]、[3、361–367p]）。ぜひ参考にしてください。

　さて、層（棒）状の連続体が層（棒）と平行な方向に縮んで折れ曲がる現象を、**座屈**（buckling）と言います。空き缶を上から踏みつけて縦に潰したことがあるかもしれません。クシャッときれいに折り畳まれたように小さくなると、ちょっと気持ちがいいのですが、そのときの缶の様子を見ると、数箇所で折れ曲がって踏んだ方向に縮んでいます。これは座屈による変形です。また、アニメのトムとジェリーで、走っていた猫のトムが急に止まるときに体が座屈を起こして縮むシーンがよく出てきます（このアニメは、座屈以外にも体が様々に変形する様子をおもしろく誇張して描いています）。地層の褶曲にも座屈によってできたと判断できるものがあり、それらを座屈褶曲と呼びます。この座屈現象に注目して、変形前の層の状態と座屈褶曲の波の形の関係について考えていきます。

座屈褶曲の波形を力学的に求める

　座屈褶曲の形を決めるポイントの１つは、地層は強度の異なる層が積み重なった構造をしていることです。軟らかい地層に挟まれた硬い地層が座屈褶曲を作る場合を例にすると、泥（泥岩）層と砂（砂岩）層の互層であれば、一般的に泥層の方が軟らかいです。話を簡単にするために、変形に伴う体積変化はないとして考えます。実際の変形時には、圧密や膨張（ダイレーション）も起こることが普通なので、体積変化がないとする設定は正確ではありませんが、他の変形に比べて無視できるくらい体積変化が小さい状況はあり得るでしょう。そこで、ここでは座屈が起こることと流動的な変形で層が厚くなることで地層の短縮を賄うと考えます。

　計算の方針ですが、以下の手順で挑みます。

　ステップ１：座屈褶曲を作るときの仕事とエネルギーの関係式を、たわみの微分方程式を使って作る。

　ステップ２：ステップ１の式を、力と形（波長）の関係式に変形する。形は波長で示すこ

126
[2] 佐藤 正、2003 年、地質・土木技術者のための地質構造解析 20 講。近未来社、398p。
[3] Suppe, J., 1985, Principles of Structural Geology, Prentice-Hall, Inc., 537p.

とにする。そして、ある波長の座屈褶曲とそれを作るのに必要な力の関係を示す。

ステップ3：実際の座屈褶曲の形成では、一番小さい力で作られる波長が選ばれるとして、その波長を求める。

なんだか一気に物理っぽくなりました。そうして、これなら何とか数式で表すことができそうです。なお、ここからの部分は、文献 [3、364–366p]、[4]、[5] などを参考にしました。また、たわみの微分方程式の部分は、この本の中で唯一、大学で習う数学が登場します。わからない場合には133頁まで読み飛ばしていただいても、続きの話題はわかるように書いています。

ステップ1：仕事とエネルギーの関係式

まずは、高校物理でも扱う仕事とエネルギーの関係式を使った考察からはじめます。先ほど設定した硬い地層が軟らかい地層に挟まれた構造をしている地質体が変形するときに、この地質体に対して行った仕事を W とします。この仕事 W は、地質体が変形するのに必要なエネルギーと等しくなります。

エネルギーについては、物体のうち硬い地層の部分が変形するのに必要なエネルギーを E_c、軟らかい地層の部分が変形するのに必要なエネルギーを E_i として、それぞれ分けて扱います。

このとき、仕事とエネルギーの関係は以下のようになります。

$$W = E_c + E_i$$

この式を、力と波長を使った式に変えていきます。

まず、地層のある微小領域にかかる力を $f(x)$ とします。$f(x)$ は場所による関数であり、力を F として、

$$f(x) = \frac{F}{2}\left(\frac{dy}{dx}\right)^2$$

となります。そして、物体の微小な領域に力 $f(x)$ が作用して、その位置が Δx だけ変化したとき、力 $f(x)$ がその微小領域に対してした仕事 ΔW を、

$$\Delta W = f(x) \cdot \Delta x$$

と定義します。すると、物体全体にかかる力 $f(x)$ がこの物体に対してした仕事 W は、

$$W = \sum f(x) \cdot \Delta x$$

となります。これを積分と考えて、

$$W = \int f(x) \cdot dx$$

さらに、

$$W = \frac{F}{2}\int\left(\frac{dy}{dx}\right)^2 dx$$

となります。ここで、層と平行な方向を x、層に直交する方向を y としました。

と、ここまでさらりと書きましたが、力が場所によって異なる（座標の関係で与えられる）ことにもとづいて式を変えており、ちょっと複雑です。ここは「そういうものなんだ」と受け入れて、次に進みます。

二番目として、仕事とエネルギーの関係式における右辺第1項の硬い地層を曲げるのに必

[4] Biot, M. A., Odé, H., Roever, W. L., 1961, Theory of folding of stratified viscoelastice media and its implications in tectonics and orogenesis. Geological Society of America Bulletin, 72, 1595–1620.
[5] Johnson, A. M., 1970, Physical Processes in Geology A method for interpretation of natural phenomena — intrusions in igneous rocks, fractures and folds, flow of debris and ice. Freeman, Cooper & Company, 572p.

要なエネルギー E_c を考えていきます。考え方として、構造力学や材料力学であつかう「材料のたわみ」と同じように、硬い地層が座屈褶曲でたわむと考えます。硬い地層の弾性率を B、層厚を T とします。弾性率とは、ばね定数など物質が弾性変形（力を除くと元の形に戻るような変形）をする際の応力とひずみの関係が示す比例定数の総称です（第 6 章 78 頁参照）。弾性率が大きいほど歪みを起こすのに大きな力が必要となる、いわゆる硬い物体とします。

硬い地層がたわむことで曲げモーメント（曲げる力）による歪みエネルギーがたまると考えます。そこで、曲げモーメントを M として E_c を以下の式で表します。

$$E_c = \frac{1}{2} \int \frac{M^2}{BI} dx$$

ここで、I は断面二次モーメントと呼ばれる物理量で、曲げモーメントに対する物体の強度を表します。曲がりにくさの指標です。対象としている曲がる地層を、幅が b で厚さが T の板状物体と考えて、断面二次モーメントを次の式で定義します。

$$I = \frac{bT^3}{12}$$

今は 2 次元で考えることにしていますので幅 b を含めずに、I を次のように表すことができます。

$$I = \frac{T^3}{12}$$

曲げモーメント M の表現には、棒状や板状をした物体がたわむときの変形後の形状を表す方程式（弾性曲線方程式）があります。これを使いましょう。次の形で表します。

$$\frac{d^2y}{dx^2} = -\frac{M}{BI}$$

$$M = -BI\frac{d^2y}{dx^2}$$

これらの I と M を使って、硬い地層がたわむことでたまる歪みエネルギー E_c の式を以下のように変えます。

$$E_c = \frac{1}{2} \int \frac{M^2}{BI} dx$$

$$E_c = \frac{1}{2} \int \left(-BI\frac{d^2y}{dx^2}\right)^2 \frac{1}{BI} dx$$

$$E_c = \frac{BI}{2} \int \left(\frac{d^2y}{dx^2}\right)^2 dx$$

$$E_c = \frac{BT^3}{24} \int \left(\frac{d^2y}{dx^2}\right)^2 dx$$

では、作業の三番目として、仕事とエネルギーの関係式における右辺第 2 項の軟らかい地層を変形させるのに必要なエネルギー E_i を考えます。変形によってできる座屈褶曲の波長を L とします。そして、軟らかい地層の弾性率を B_o とします。B_o は、硬い地層の弾性率である B よりも小さいので、$B > B_o$ です。

$$E_\mathrm{i} = \int F_\mathrm{i} y dx$$

ここで、F_i は地層と直交する y 方向の位置に依存する力を表しており、次の式で表します。

$$F_\mathrm{i} = \frac{B_0 \pi y}{L}$$

よって、E_i は以下の式で表すことができます。

$$E_\mathrm{i} = \int \frac{B_0 \pi y}{L} y dx$$

$$E_\mathrm{i} = \frac{B_0 \pi}{L} \int y^2 dx$$

ここまでで、ステップ1が完了です。

ステップ2：力と波長の関係式に変形する

では、ステップ1で求めた関係式を使って、座屈褶曲の仕事とエネルギーの関係式を改めて書いてみましょう。

$$W = E_\mathrm{c} + E_\mathrm{i}$$

$$\frac{F}{2} \int \left(\frac{dy}{dx}\right)^2 dx = \frac{BT^3}{24} \int \left(\frac{d^2 y}{dx^2}\right)^2 dx + \frac{B_0 \pi}{L} \int y^2 dx$$

いやー、すごいですね。ずいぶんと複雑になりました。解けるのかな。

ここからはステップ2として、上の式を力と波長の関係式に変えていきます。まずは、座屈褶曲の形を考えます。地層と平行方向に x 軸、直交方向に y 軸をそれぞれとります。そうして、場所ごとの鉛直変位量 $y(x)$ によって褶曲の形を表現しようという方法です。$y(x)$ は、

$$BI \frac{d^4 y}{dx^4} = q(x) - F \frac{dy^2}{dx^2}$$

を満たします。ここで $q(x)$ は、地層表面の単位面積あたりにかかる荷重です。この方程式を満たす $y(x)$ が褶曲の形になるのですが、それを求める前に、上の方程式を導出する過程を紹介します（例えば [1、138–143p]）。

地層の中で x と $x + dx$ および y と $y + dy$ で囲まれる微小領域にかかる力、およびモーメントの釣り合いを考えます。なお、この微小領域は y 軸方向には単位長さの厚みを持つとします。x 軸方向にかかる力は F で、地層が力を伝達すると考えると、F は場所 x によりません。よって、たわみが小さい場合には、x 軸方向の力はつねに釣り合っていると考えることができます。y 軸方向にかかる力は、地層表面の単位面積あたりにかかる荷重 $q(x)$ と、微小領域の側面にかかるせん断力 V です。そうすると、釣り合いの式は次のようになります。

$$-V + (V + dV) + \int q(x) dx$$

ここで、$q(x)$ は x から $x + dx$ まで線形で大きくなり $q(x) + dq(x)$ になると考えた場合、

$$-V + (V + dV) + \frac{1}{2} \left(q(x) + (q(x) + dq(x))\right) dx = 0$$

となります。そして、2次の項 $dq(x) dx$ は他の項に比べて小さいので無視すると、

$$dV + q(x) dx = 0$$

$$\frac{dV}{dx} = -q(x)$$

となります。

次に、モーメントの釣り合いについて考えます。かかるモーメントとして、まず微小領域の両端に作用する曲げモーメント M および $M + dM$ があります。次に、せん断力 V によるモーメントがあります。微小領域の中軸まわりでは、長さが dx のため、時計回りのモーメントは次の式になります。

$$\frac{V dx}{2} + \frac{(V + dV) dx}{2}$$

ここで2次の項 $dV\, dx$ は小さいので無視すると、

$$V dx$$

となります。

もう1つ、水平力によるモーメントもあります。水平力を F_{h} として、

$$-\frac{F_{\mathrm{h}} dy}{2} - \frac{F_{\mathrm{h}} dy}{2} = -F_{\mathrm{h}} dy$$

これらを合わせて微小領域にかかる反時計回りのモーメントは、

$$-M + M + dM - F_{\mathrm{h}} dy - V dx = 0$$

となり、この式を変えて、

$$\frac{d^2 M}{dx^2} = \frac{dV}{dx} + F_{\mathrm{h}} \frac{d^2 y}{dx^2}$$

が求まります。そして、さきほどの力の釣り合いの式と合わせることで、次の方程式を導くことができます。

$$\frac{d^2 M}{dx^2} = -q(x) + F_{\mathrm{h}} \frac{d^2 y}{dx^2}$$

ここで、ステップ1で出てきた弾性曲線方程式を使います。

$$M = -BI \frac{d^2 y}{dx^2}$$

$$\frac{d^2}{dx^2}\left(-BI \frac{d^2 y}{dx^2}\right) = -q(x) + F_{\mathrm{h}} \frac{d^2 y}{dx^2}$$

$$BI \frac{d^4 y}{dx^4} = q(x) - F_{\mathrm{h}} \frac{d^2 y}{dx^2}$$

これでようやく導出の完了です。

導出した式を変えて、

$$\frac{d^4 y}{dx^4} = \frac{F_{\mathrm{h}}}{BI} \frac{d^2 y}{dx^2} - \frac{q(x)}{BI}$$

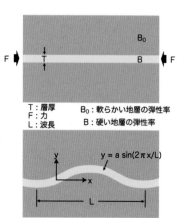

T：層厚　　　　B_0：軟らかい地層の弾性率
F：力　　　　　B：硬い地層の弾性率
L：波長

$$y = a\, sin(2\pi x/L)$$

この微分方程式を解くことで、座屈褶曲の形がわかります。この解を求めるのは難しくてよくわからないのですが、$y = a\, sin(2\pi x/L)$ となるそうです。ここも「そうなんだ」として先に進んでください。真っ直ぐだった層が $y = a\, sin(2\pi x/L)$ の波形をした褶曲になったとすると、座屈褶曲における仕事とエネルギーの関係である $W = E_{\mathrm{c}} + E_{\mathrm{i}}$ は次のように変えることができます。

$$W = E_{\mathrm{c}} + E_{\mathrm{i}}$$

$$\frac{F}{2} \int \left(\frac{dy}{dx}\right)^2 dx = \frac{BT^3}{24} \int \left(\frac{d^2y}{dx^2}\right)^2 dx + \frac{B_0\pi}{L} \int y^2 dx$$

$$\frac{F}{2} \int_0^{\frac{L}{2}} \left[\frac{2\pi a}{L} \cos\left(\frac{2\pi x}{L}\right)\right]^2 dx =$$

$$\frac{BT^3}{24} \int_0^{\frac{L}{2}} \left[-\frac{4\pi^2 a}{L^2} \sin\left(\frac{2\pi x}{L}\right)\right]^2 dx + \frac{B_0\pi}{L} \int_0^{\frac{L}{2}} a^2 \sin^2\left(\frac{2\pi x}{L}\right) dx$$

ここでは、半波長分の範囲を対象としました。ここで、置換積分法を使います。

$$t = \frac{2\pi x}{L}$$

とおくと、

$$x : 0 \to \frac{L}{2} \quad \text{のとき} \quad t : 0 \to \pi$$

また、

$$t = \frac{2\pi x}{L}$$

$$x = \frac{L}{2\pi} t$$

$$\frac{dx}{dt} = \frac{L}{2\pi}$$

$$dx = \frac{L}{2\pi} dt$$

これらを用いて、先ほどの仕事とエネルギーの関係式を変えていきます。

$$\frac{F}{2} \int_0^{\frac{L}{2}} \left[\frac{2\pi a}{L} \cos\left(\frac{2\pi x}{L}\right)\right]^2 dx =$$

$$\frac{BT^3}{24} \int_0^{\frac{L}{2}} \left[-\frac{4\pi^2 a}{L^2} \sin\left(\frac{2\pi x}{L}\right)\right]^2 dx + \frac{B_0\pi}{L} \int_0^{\frac{L}{2}} a^2 \sin^2\left(\frac{2\pi x}{L}\right) dx$$

$$\frac{2\pi^2 a^2 F}{L^2} \int_0^{\frac{L}{2}} \cos^2\left(\frac{2\pi x}{L}\right) dx =$$

$$\frac{BT^3}{24} \frac{16\pi^4 a^2}{L^4} \int_0^{\frac{L}{2}} \sin^2\left(\frac{2\pi x}{L}\right) dx + \frac{B_0\pi a^2}{L} \int_0^{\frac{L}{2}} \sin^2\left(\frac{2\pi x}{L}\right) dx$$

$$\frac{2\pi^2 a^2 F}{L^2} \int_0^{\pi} \cos^2 t \cdot \frac{L}{2\pi} dt =$$

$$\frac{BT^3}{24} \frac{16\pi^4 a^2}{L^4} \int_0^{\pi} \sin^2 t \cdot \frac{L}{2\pi} dt + \frac{B_0\pi a^2}{L} \int_0^{\pi} \sin^2 t \cdot \frac{L}{2\pi} dt$$

$$\frac{\pi a^2 F}{L} \int_0^{\pi} \cos^2 t \, dt =$$

$$\frac{BT^3}{24} \cdot \frac{16\pi^4 a^2}{L^4} \cdot \frac{L}{2\pi} \int_0^{\pi} \sin^2 t \, dt + \frac{B_0 a^2}{2} \int_0^{\pi} \sin^2 t \, dt$$

さあ、もう一息。これを解きましょう。

$$\frac{\pi a^2 F}{L}\left[\frac{1}{2}t+\frac{1}{4}\sin 2t\right]_0^\pi =$$
$$\frac{BT^3}{24}\cdot\frac{16\pi^4 a^2}{L^4}\cdot\frac{L}{2\pi}\left[\frac{1}{2}t-\frac{1}{4}\sin 2t\right]_0^\pi+\frac{B_0 a^2}{2}\left[\frac{1}{2}t-\frac{1}{4}\sin 2t\right]_0^\pi$$

$$\frac{\pi a^2 F}{L}\cdot\frac{\pi}{2}=\frac{BT^3}{24}\cdot\frac{16\pi^4 a^2}{L^4}\cdot\frac{L}{2\pi}\cdot\frac{\pi}{2}+\frac{B_0 a^2}{2}\cdot\frac{\pi}{2}$$

$$\frac{\pi^2 a^2 F}{2L}=\frac{BT^3\pi^4 a^2}{6L^3}+\frac{B_0\pi a^2}{4}$$

$$F=\frac{\pi^2 BT^3}{3L^2}+\frac{B_0 L}{2\pi}$$

おお、やった！ 力 F と波長 L の関係式にたどり着きました。最後、積分を解いて式が簡単になっていく過程は気持ちがいいですね。

ステップ 3：力が一番小さい波長を求める

ここまでのステップで、力 F と波長 L の関係式が求まりました。両者の関係をわかりやすくするために、上の式を縦軸と横軸にそれぞれ力 F と波長 L をとったグラフで示すと、おおよそ右図のような形になります。

このグラフからわかることは、座屈褶曲はその波長によって作るのに必要な力の大きさが異なるということです。そのような場合、自然の摂理では力が最も小さくてすむ波長が選ばれます。無駄をしないのですね。これに従うと、この式で F が最小になるときの L が座屈褶曲の波長となります。続けましょう。

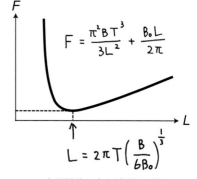

座屈褶曲の力と波長の関係

先ほど求めた力 F と波長 L の関係式を、L について微分します。

$$F=\frac{\pi^2 BT^3}{3L^2}+\frac{B_0 L}{2\pi}$$

$$\frac{dF}{dL}=-\frac{2\pi^2 BT^3}{3L^3}+\frac{B_0}{2\pi}$$

$dF/dL=0$ のときに F が最小となります。このときの波長 L を求めます。

$$\frac{2\pi^2 BT^3}{3L^3}=\frac{B_0}{2\pi}$$

この式を変えて、

$$L^3 = \frac{4\pi^3 B T^3}{3 B_0}$$

$$L = 2\pi T \left(\frac{B}{6 B_0} \right)^{\frac{1}{3}}$$

というわけで、ようやく座屈褶曲の波長 L を求めることができました。やりました！！

座屈褶曲の波長の式からわかること

厚い層ほど波長が大きくなる

先ほど求めた座屈褶曲の波長 L の式を、もう一度見てみましょう。

$$L = 2\pi T \left(\frac{B}{6 B_0} \right)^{\frac{1}{3}}$$

まず、波長 L は層厚 T に正比例することがわかります。つまり、座屈褶曲では、厚い地層ほど波長が大きくなります。

この特徴は岩石の褶曲でも確認できます。変成岩類によく見られる似た波形が繰り返す褶曲は座屈によってできたと考えられます。右の写真はその一例ですが、地層が厚いほど褶曲の波長が大きいことがわかります。これは、層厚 T と波長 L の関係によるものでしょう。厚い層ほど大きな波になるのは感覚的にもしっくりと来ます。

厚い地層ほど波長が大きい：
三波川結晶片岩（高知県大豊町）

硬さのコントラストが大きいほど波長が大きくなる

座屈褶曲の波長 L は、地層の弾性率とも関係しています。先ほどの式を見ると、硬い層と軟らかい層の弾性率の比 B/B_0 の 3 分の 1 乗に比例して波長 L は大きくなります。層の硬さのコントラストが大きいほど座屈褶曲の波長が大きくなります。いくら硬い層であっても周りも同じくらい硬ければ座屈褶曲の波長は小さくなるわけです。

なお、座屈褶曲の場合、座屈と同時に層が厚くなる変形も起こっています。このとき、層の硬さのコントラストが大きいほど硬い方の層は厚くなりにくく、全体の短縮におけるより多くの割合を座屈によってまかないます。

硬さのコントラストがある互層の座屈褶曲

それでは、ここまでの説明を踏まえて、硬い地層の厚さが T と弾性率の比 B/B_0 に違いがある 4 種類の地層において、それぞれが座屈褶曲をした場合の波長を計算してみましょう。簡単にするために、ここでは $\pi = 3$ として考えてください。

(a)　$T = 5$ (mm)、$B/B_0 = 6$

(b)　$T = 5$ (mm)、$B/B_0 = 48$

(c)　$T = 1$ (mm)、$B/B_0 = 6$

(d)　$T = 1$ (mm)、$B/B_0 = 48$

前頁に示した波長 L の式に代入して計算すると、それぞれの解答は、(a) $L=30$ (mm)、(b) $L=60$ (mm)、(c) $L=6$ (mm)、(d) $L=12$ (mm)、となります。

この特徴を利用すれば、野外で観察した座屈褶曲の波長や振幅から、褶曲が起こったときの地層の状態が制約できます。波長 L と層厚 T は褶曲した地層から測定できます。そうすると、硬さ(弾性率あるいは粘性率)比 B/B_0 を推定できるわけです。

以上は波長についてだけの考察で、実際の座屈褶曲の形を理解するには他にも考えるべきことがあります。例えば、座屈褶曲ができるときには同時に地層全体が厚くなる変形(厚層化)も起こります。これは褶曲の振幅となって表れます。厚くなる割合が大きい座屈褶曲は振幅が小さくなります。それに対して、座屈の割合が大きくなると振幅が大きくなります。

もう一つはヒンジ帯の大きさです。座屈がある程度の幅を持って起こると、全体におけるヒンジ帯が広くなって丸い形をした褶曲になります。一方で、座屈がより限られた場所で起こる場合にはヒンジ帯が狭く、大きな翼を持つ折れ曲がった形になります。ヒンジ帯が極端に狭くてパキパキと折れたような形の褶曲は、特に**キンク褶曲**(kink fold)と呼びます。

以上のことを踏まえて 126 頁の写真に写っているいろいろな形の褶曲を見比べると、岩石ごとの層の厚さや硬さのコントラストを反映してできたのだと思われます。

膨縮構造とブーディン

座屈褶曲の話をしたので、**膨縮構造**(pinch and swell structure)と**ブーディン**(boudin)についても紹介します。

層(棒)状の連続体が、層(棒)と平行に縮んで折れ曲がってできるのが座屈褶曲でした。これとは反対に、層(棒)と平行に伸びる場合もあります。そうした結果、層や棒がくびれた構造を膨縮構造、さらに延びてちぎれた構造をブーディンと、それぞれ呼びます。以下、膨縮構造も含めてブーディンと呼ぶことにします。

座屈褶曲とブーディンは、変形の仕組みは同じで歪みの方向が異なる、親戚のような構造です。ブーディンのことは「負の座屈褶曲」と言えるかもしれません。

右の写真は、徳島県牟岐町の海岸に露出している四万十付加体の砂岩と頁岩の混在層です。もともとは砂と泥が交互に堆積して縞模様を作っていたと考えられますが、堆積後の変形によって砂岩(明るい灰色の部分)がブーディン化しています。右側の絵は、写真をトレースして砂岩のブロックと頁岩の基質を示したものです。

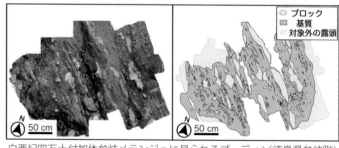

白亜紀四万十付加体牟岐メランジュに見られるブーディン(徳島県牟岐町)
撮影:田渕 優氏

硬さのコントラストがブーディンに与える影響

次頁の写真では、複数の露頭で観察した形の異なるブーディンを示しました。変形の仕組みが座屈褶曲と同じということは、ブーディンの形も変形時の地層の厚さや硬さ(弾性率など)の比が影響しているはずです。

まず、厚い地層ほど大波長になるのは座屈褶曲と同じです。つまり、厚い地層からできる

左：ハマスレー層群（オーストラリア カリジニ国立公園）　中：白亜紀四万十付加体牟岐メランジュ（徳島県牟岐町）
右：田ノ浦火成複合岩体（香川県小豆島）

ブーディンほど長軸が長くなります。

　一方で、2種類の層の硬さのコントラストが大きいほど、ブーディンの長軸は短くなります。また、コントラストが大きいほど振幅（短軸）は大きくなりますが、変化量はそれほどありません。上記のブーディンの特徴をまとめた模式図が右下の図です。

　座屈褶曲の形の変化と比べたときに、ブーディンのそれが異なるのはなぜでしょうか。物体の歪みは、全体が均質に歪む成分と局所的に歪む成分の合計で起こります。座屈褶曲やブーディンでは、均質的な歪みは地層の厚化や薄化として表れます。そして局所的な歪みは、座屈褶曲ではヒンジ帯、ブーディンではネック（neck、括れ帯）として表れます。

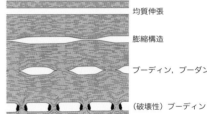

均質伸張

膨縮構造

ブーディン，ブーダン

（破壊性）ブーディン

さまざまな形の膨縮構造とブーディン

　ここで硬さの比が、局所歪みの起こる間隔に影響するようです。コントラストが大きいほど、座屈褶曲はヒンジ帯の間隔が大きく、ブーディンはネックの間隔が小さくなります。あるいは、ヒンジ帯は1つ1つが大きく歪むが形成される数が少なく、それに対して、ネックはそれぞれの歪みの大きさはそれほどでもない代わりに数多くできる、とも言えます。

　局所歪みの場所が決まる仕組みについてはわからないのですが、少なくとも硬さのコントラストにおいて、大きさに加えて応力に対する方向も影響を与えているのは間違いありません。

3）歪みの局所化

　座屈褶曲やブーディンの形についての説明はかなり複雑でした。具体的な変化（硬いと波長が・・とか）を理解することはもちろん有益ですが、ここでは物体の状態、特に地質構造に応じて形が多様になること、そしてそれは複雑ながらも数式である程度表現できる、という特徴を知ることが大切です。

　その中でも気になるのは、形の多様性を作る要因として「歪みの局所化」の性質が重要そうだ、ということです。

地殻の強度は不均質

　座屈褶曲とブーディンの形の話では、硬さのコントラストが歪みの局所化と関係がありそうでした。硬さというのは変形のしやすさを表した言葉で、全く同じではありませんが変形に対する強度と考えることもできます。そこで、この後は強度という言葉を使って話を進めます。

　ある物体の強度が場所によって異なる、つまり強度構造が不均質であるとき、その物体に

外力がかかると強度が小さい部分に応力が集中して、限られた場所だけで歪みが起こります。地球は異なる強度のさまざまな物質からできており、同じ物質であっても温度や圧力によって強度が変わります。その結果、強度は不均質で、歪みも不均質です。歪みが起こらない剛体に近似できるプレート同士の境界に変動（歪み）が集中していると考えるプレートテクトニクスは、まさに地表の歪みの集中を表現しているわけです。

　では次に、地殻に絞って強度構造を詳しく見てみましょう。地球の地殻は、成り立ちと構造にもとづいて**海洋地殻**（oceanic crust）と**大陸地殻**（continental crust）の2つに分けて考えます。大陸地殻の一部を**島弧地殻**（island arc crust）として細分することもあります。

　なお、プレートは、地殻とマントル上部の硬い部分を合わせた部分を指します。プレートと地殻は混乱してしまいそうですが、はっきりと使い分ける必要があります。海洋地殻や大陸地殻の特徴や形成過程についてより詳しく知りたい人は [6] が参考になります。

海洋地殻はきれいな層状構造をしている

　海洋地殻について、物質とP波（縦波の弾性波）の構造を模式的に示したのが右図です。

　海洋地殻の特徴は、厚さが6−7kmであることと、比較的きれいな層状構造をしていて水平方向には均質であることです。強度構造も層状構造をしていて、水平方向の変化は小さいです。

大陸地殻の層状構造は不均質

　海洋地殻に比べると大陸地殻は多様で複雑であることが特徴です。それを右の図で示しました。

　厚さは平均で約30kmですが、20−70kmと地域によって幅があります。また、大ざっぱには層状構造をしていますが、これも地域差が大きく、さらに図にも示したような大規模な花崗岩体など塊状の構造もしばしば存在します。

プレート強度の深度変化

　上記の点を踏まえて、海洋プレートおよび大陸プレート（地殻＋マントル最上部）の強度の深度変化を右に示しました。両者に見られる大きな特徴は、深さとともに強度が大きくなる領域と、深さとともに強度が小さくなる領域とがあることです。プレート強度の深度変化は、この特徴的な形から「クリスマスツリー・モデル」とも言われます。そのできる仕組みについては第5章で紹介しました。これを見ると、深さ方向の強度が単純でなく、したがって歪みも不均質に起こるだろうと想像されます。

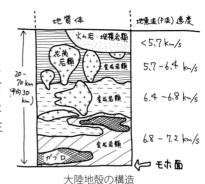

海洋地殻の構造

大陸地殻の構造

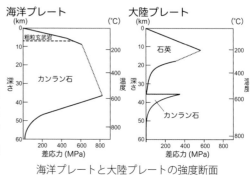

海洋プレートと大陸プレートの強度断面

[6] 平 朝彦・末広 潔・廣井美邦・巽 好幸・高橋正樹・小屋口剛博・嶋本利彦、2010年、新装版　地球惑星科学8　地殻の形成。岩波書店、260p。

しかも、このグラフはあくまでも鉛直断面の一例であって、特に大陸プレートの地殻部分では水平方向の変化が大きいことにも注意してください。次に、変化のより大きな大陸地殻の歪み様式について考えます。

大陸地殻の歪み局所化

　深さ方向の強度変化は主に温度と圧力に依存しています。それに対して、水平方向の強度変化に影響するのは主に地質体の構造です。大陸プレートのうち、地殻の部分を拡大して下図に示しました。深さごとに見ていきましょう。

　最上部の未固結領域は、主に粉粒体からなります。粉粒体は、粒子の内部は硬くて粒子間で強度が小さい、水玉模様のような強度構造をしています。そのために、通常の固体や流体とは一味違った面白い変形の性質を示します。主な変形様式は摩擦すべりです（第3章45頁）。粉粒体の性質については、[7] や [8] が参考になります。粉粒体の変形については未解明な部分も多く、地殻の未固結領域の変形についても、これから取り組むべきテーマが多くあります。

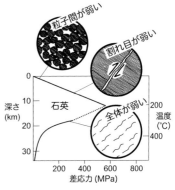

大陸地殻の強度構造

　地殻上部では、層理面、節理、断層、貫入面、一つの岩石の中の（鉱物）粒子境界、といった地質境界が周りよりも弱い面として摩擦すべりを起こします。また、この領域は全体に強度が大きく、その中で破壊が起こると強度が著しく下がってあらたな割れ目ができます。割れ目は、できた後も弱面として歪みが集中していくことになります。こういった仕組みから、地殻上部は周りよりも弱い部分が局所的に存在する強度構造をしています。

　地殻下部の主に流動的な変形が起こる領域では、鉱物ごとに流動的は変形が起こる温度に違いがあることがポイントです。地殻を作る岩石に含まれる主要な鉱物は石英と長石で、石英は約 300 ℃、長石は約 450 ℃を超えると流動的な変形が起こりやすくなり、強度が著しく下がります。地温勾配は場所による違いが大きいのですが、平均的な 25 ℃/km で考えた場合、150 ℃の温度差は 6 km の深度差になります。そうなると、大陸地殻は場所によって鉱物の組成が大きく変わるので、強度構造も大きく変わることがわかります。また、鉱物は一般に水が加わると強度が著しく弱くなるという性質があります。そこで、地殻下部の水の有無によっても大きな地域差が出ます。

歪みの前後で強度が変わる

　ここまで説明してきたように、少なくとも地殻ではそれぞれの場所で強度の不均質が存在していて、弱い部分で歪みが起こります。では、そういった場所で歪みが起こるとどうなるでしょうか。ここがすごく面白いのですが、歪みの前後でその場所の強度が変化することがあります。それはつまり、変形とともに強度構造が変わっていくことを意味します。強度構造が変われば、もう一度同じ力がかかっても前回とは変形の仕方が異なるかもしれません。歪みによって強度は大きくなるのか小さくなるのか、これが運命の分かれ道です。

　歪みによって強度が小さくなることを、**歪み軟化**（strain softening）あるいは**歪み弱化**（strain weakening）と呼びます。歪み弱化が起こると、その部分はますます歪みやすくなり、

[7] J. デュラン　著、中西 秀・奥村 剛　共訳、2002 年、粉粒体の物理学 －砂と粉と粒子の世界への誘い－。吉岡書店、291p.
[8] 田口善弘、1995 年、砂時計の七不思議。中公新書、198p.

137

これを歪みの正のフィードバックと呼びます。結果として、限られた場所だけが大きく歪む、いわゆる歪みの局所化が起こります。断層は歪みの局所化による産物です。周囲よりも強度の小さい断層帯ができると、そこが繰り返し破壊や摩擦すべりを起こすことで、断層帯だけに歪みが極端に集中した地質構造ができあがります。運動選手の肉離れなど、古傷の再発が癖になってしまうことがあります。これも、歪み弱化がもたらす歪み局所化ではないかと私は考えています。

歪み弱化に対して、歪んだ結果として強度が大きくなることを、**歪み硬化**（strain hardening）あるいは**歪み強化**と呼びます。歪み硬化が起こった場所は周りよりも歪みにくくなり、代わりに別の場所が歪みます。新しく歪んだ場所も硬化するので代わりにまた別の場所が……ということを繰り返していきます。結果として、歪み硬化が起こる物体全体は均質に歪むことになります。道路工事のローラー車や畑のタンパーで押し固める転圧は、土砂や土の歪み硬化とともに均質な歪みを起こします。

小麦粉層とココア層の変形から見る歪みの変化

歪みの弱化および硬化の例として、小麦粉とココアの地層を使った水平短縮実験を紹介します。下の写真は変形前の様子です。小麦粉（薄力粉）層は厚さが2cm、ココアパウダー層は厚さが1cmです。今回の実験のポイントは粉の敷き方で、どの層もお菓子作りのように篩を使って静かに降り積もらせて作っていますので、この章の最初で紹介した雪が降った直後のように「ふわふわ」の状態です。ここから木の板を右に動かして、50%ほど水平短縮を起こします。どのように変形していくか、予想してみてください。予想しましたら、実験の動画をwebサイトに掲載していますので、変形の様子を確認してから次に進んでください。

圧密

粒子間すべり

薄力粉層とココア粉層の変形実験（高知大学理工学部）

変形は大きく2つの段階に分けることができます。前半の段階では、粒子同士の圧密によって水平短縮が起こっていきます。右に圧密の模式図を示しています。圧密が進むと、層はどんどん押し固まり、強度が大きくなっていきます。つまり、この実験の前半では主に歪み硬化が起こっています。先ほど紹介した転圧と同じです。

圧密がある程度進むと変形段階は後半に移ります。後半では層の中で破壊が起こって割れ目ができます。それまで全体で隙間が小さくなっていく変形だったのに対して、今度は局所的に粒子同士の隙間を大きくする変形が起こります。新しくできた割れ目では歪み弱化が起こります。そうすると、周りよりも強度が小さい割れ目で粒子間すべりが繰り返し起こって断層ができます。断層がずれている間は他の場所では目立った歪みは起こらなくなります。

動画をよく見ると断層は複数できていて、それぞれがズレたり止まったりを繰り返しているのがわかります。つまり、この実験の場合、変形の後半ではいくつかの断層に歪みが集中して水平短縮が起こっているわけです。

歪み弱化が起こる仕組み

先ほどの実験で紹介したような歪みの弱化や硬化は地質体でも起こります。褶曲や断層など多くの変形構造は不均質な歪みによって起こり、そのため歪み弱化は特に注目すべき現象です。そこで、歪み弱化が起こる仕組みをいくつか紹介したいと思います（例えば[4]）。

破壊すると弱くなる

小麦粉とココアの地層実験で示したように、破壊は歪み弱化を起こして割れ目（弱面）ができます。右の図は、物体に力を加えて破壊が起こるまでの歪みと力の関係を、破壊実験の結果にもとづいて模式的に示したものです。物体に力を加えると歪みます。初めは歪みが大きくなるにつれて、さらに歪ませるのに必要な力は大きくなっていきます。この段階では歪み硬化が起こっています。ところが、歪みがある程度大きくなると、歪みに必要な力の上がり方が緩やかになります。特に、右のグラフで傾きが変わるところを**降伏点**（yield point）と呼びます。

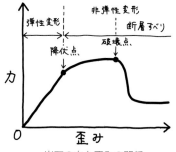

岩石の力と歪みの関係

さらに歪みが大きくなると、ある時点で破壊が起こり新たな割れ目ができます。そうすると破壊した面の強度が著しく下がり、この影響により物体全体としての強度も下がります。割れ目ができた後の歪みは、しばらくの間は弱面である割れ目を使って起こります。これが、破壊による歪み弱化の仕組みです。

温度が上昇すると弱くなる

歪み弱化の別の仕組みに断熱不安定があり、次のような流れで弱化が起こります。

物質は一般に歪むと発熱します。摩擦すべりでも熱が発生することを思い出してください。そして、地質体を含めた多くの物質は、温度が高いほど強度が小さくなります。チョコレートやキャラメルが温度の上昇で柔らかくなるのと同じ性質です。

ですので、歪んだ部分が断熱的（熱を外に出しにくい状態）であれば、歪んだ部分の温度が上がって強度が下がり、歪み弱化が起こるというわけです。この仕組みを**断熱不安定**（adiabatic instability）と呼びます。断熱不安定により歪み弱化が起こるか否かは、物質の熱伝導率が鍵となります。

結晶が小さくなると弱くなる

破壊や断熱不安定の他に、結晶の細粒化によっても歪み弱化が起こることがあります。岩石は転位クリープや拡散クリープなど流動的な変形をするときに、鉱物の再結晶が起こることがあります。変形という動きが起こる際に岩石中の鉱物結晶が作り変えられることから、この現象は**動的再結晶**（dynamic recrystallization）と呼びます。大きな着物や布を細かく分けながらリメイクして小物を作っていく感じでしょうか。例えにやや無理があったかもしれません。

ともかく、動的再結晶では小さな結晶が新たにできます。このとき、結晶が小さくなった部分で強度が小さくなることがあります。こういった仕組みでも歪み弱化が起こるのです。

異なる地質体が組み合わさってユニークな強度の特性を持つ

　最後ですが、二相系での変形も歪み弱化が起こることがあります。ここでの相とは強度を意味します。2つ以上の異なる強度（相）の物質が組み合わさってできている物体では、強度の構造がその物体全体の強度に大きく影響します。例えば、弱い相がつながっている場合は、主に弱い相が全体の強度を決めます。逆に、弱い相が孤立している場合は、主に強い相が全体の強度を支配します。

　二相の割合だけでなく、繋がっているかといったような構造が効くところは注目すべき点です。建築では、鉄筋コンクリートなどの複数の素材を組み合わせて両者の強度特性を活かした材料がよく使われます。

　それで、歪みが起こったときに二相系構造の変化（例えば孤立していた弱い領域の連結）が起こると、その部分で歪み弱化が起こることが考えられます。例えば、ブーディンができる過程を考えると、一つ一つの軟らかい層がブーディン形成によってつながっていくので、全体の強度は下がるのかもしれません。

　二相系の変形による歪み弱化が実際の地質体にどれほど影響を与えているのかはまだわかっていないことも多く、これからの研究テーマと言えそうです。

4）弱くなったところに集中する

　この章でははじめに褶曲の形を決める条件について、座屈褶曲を例にして紹介しました。おさらいすると、褶曲は1つの歪みテンソルでは表現できない不均質歪みが起こることでできます。そして、歪みが局所化して不均質になるには、歪み弱化が大事な仕組みであることを説明しました。そして、歪み弱化には複数の過程があることも紹介しました。

　歪み弱化の過程や、それによって起こる不均質歪みについての理解が進めば、「どこが歪むのか（例えば、どこで地震破壊が起こるのか）」とか「どのように変形するのか（例えば、どのくらいの規模の地震破壊になるのか）」といった疑問に答えていくことにもつながると思います。

11. マジカル・ジオロジー・ツアー

　この本の途中から、変形やそれによってできる構造を中心に話を進めてきました。そうすると、どうしても地質体の物質的な側面に注目がいきがちでした。

　最終章では、地球の変動に迫る気持ちに立ち返って、広い地域における地質体の組み合わせと、それを作った地殻変動に注目して話をしていきたいと思います。内容的には第1章と重なる部分もありますので、見比べながら読むのもいいかもしれません。

1）地殻の大部分はマグマからできている

　地球の固体圏（地面よりも下）の表層部を**地殻**（crust）と呼びます。地殻を作っている主要な物質は岩石です。岩石は成因にもとづいて大きく3種類に分類することはこれまでも何度か説明してきました。すなわち、マグマが冷えて固まってできる火成岩、砕屑物や析出物や生物遺骸が集まって固まった堆積岩、それらが形成時と異なる温度・圧力で変成（再結晶）した変成岩、の3つです。

　火成岩、堆積岩、変成岩のうち、地殻を作っている岩石として最も量が多いのはどれだと思いますか。それは火成岩です（例えば [1]）。地殻の大部分はマグマからできたのです。地殻の下に広がっている**マントル**（mantle）の**部分溶融**（partial melting）が、マグマの主な生成過程です。部分溶融とは固体の一部だけが融けることです。地球のマントルは地下2900kmくらいまで広がっていて、その内側の核と接しています（第1章10頁）。地殻は大陸の最も厚いところでも70kmほどで、ニワトリの卵で言えば、地殻は殻、マントルは白身の部分に相当します。東京ドームだと、地殻は球場の入り口の壁くらい、マントルは通路と観客スタンドくらいの大きさです。そして、中心にあるグラウンドが核にあたります。また、マントルは地殻に比べると粘性が小さくて主に流動的に変形しますが、大半が固体です。つまり、生卵ではなくて白身が固まっているゆで卵なわけです。なお、核のうち外核は主に液体なので、このゆで卵は半熟卵です。でも内核は固体なので、半熟卵の中でも・・。これ以上は例えが思いつきませんでした。もう止めておきます。

　さて、部分溶融は固体であるマントルの一部が融けて液体になるのですが、面白い点はこのときできる液体（マグマ）には溶解しやすい元素が濃集することです。凍らせたスポーツ飲料の少しだけ融けたのを飲んだらすごく甘かった、という経験はありませんか。それと似たことが岩石の部分溶融でも起こり、カリウム（K）などイオン半径が大きくて固相に入りにくい元素やジルコニウム（Zr）などイオン価が高くて固相に入りにくい元素がマグマに濃集します。なお、マントルの主要な化学組成はかんらん石（$(Mg, Fe)_2SiO_4$）とほぼ同じとされ、そのマントルが部分溶融すると玄武岩質のマグマができると考えられています。

　また、マグマが冷えて火成岩となる過程でも同じように成分が分かれていくことがあり、

[1] 平 朝彦・阿部 豊・川上紳一・清川昌一・有馬 眞・田近英一・箕浦幸治、2011 年、新装版 地球惑星科学 13 地球進化論。岩波書店、542p。

これを**結晶分化作用**（crystallization differentiation）と言います。結晶分化作用については、岩石学で詳しく扱います。興味のある方は岩石学に関する本をぜひ読んでください。部分溶融と結晶分化作用によって多様な火成岩が作り出されるわけですが、その中でも量が多いのが玄武岩です。できたばかりで風化、変質、変成をしていない玄武岩は黒っぽい色をしています。地殻の大部分がマグマ起源であることを頭に入れたうえで、地殻のでき方について紹介します。

中央海嶺は海洋地殻の生産工場

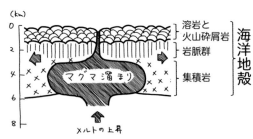

海洋地殻の構造　[1] を元に作成

海洋地殻（oceanic crust）は、マントルが部分溶融してできた玄武岩質のマグマがそのまま冷えて固まることでできます。そのままとは言っても、マグマには多くの元素が含まれており、さきほど説明した結晶分化作用を起こしながら多様な種類の火成岩類ができていきます。結晶分化作用の他にも、マグマは冷える速さによっても結晶のサイズなど組織が変わります。それらの結果、海洋地殻は層状の構造を作ります。右に、海洋地殻の岩石構造を模式的に描いた図を示しました。

地下深部で部分溶融して上昇してきたマグマは、地下 5-10km の場所で止まって**マグマ溜まり**（magma chamber）を作ります。マグマ溜まりに長時間溜まったままだと、やがてゆっくりと冷えていって鉱物結晶のサイズが大きな深成岩ができます。これを集積岩といって海洋地殻の下部を作ります。集積岩層の上には、マグマ溜まりからさらに上昇した一部のマグマが貫入を起こして岩脈層ができます。マグマがさらに上昇を続けると海底面上に噴出して溶岩の層を作ります。また海底面上には、溶岩が固まった後すぐに砕けてできた**火山砕屑物**（volcaniclastic material）も堆積します。このようにして海洋地殻は、深さごとに特徴の異なる火成岩と火山砕屑物からなる層状の構造をしています。

プレート発散境界（第1章20頁）でもある**中央海嶺**（mid-ocean ridge）は、大西洋をはじめとする世界中に広がる海底山脈です。総延長約6万5000km の巨大な火山の列で、海洋地殻はここで誕生して水平方向に移動していきます。中央海嶺はベルトコンベア方式の海洋地殻の生産工場のようです。

大陸地殻は秘伝のタレ

大陸地殻（continental crust）の岩相はどうなっているのでしょうか。と言っても、厚さが 20-70km（平均で30km ほど）もある大陸地殻の下部は、技術的な難しさから現地調査や試料掘削がほとんどされていません。そこで、物理探査による間接的な情報と岩石学などの理論にもとづいた推定に頼る部分が大きいのですが、その中で、大陸地殻の下部の構造は主に**マグマ底付け付加作用**（magmatic underplating）によってできると考えられています。その概念図を右に示しました。

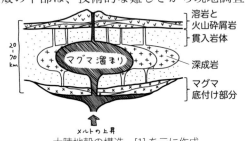

大陸地殻の構造　[1] を元に作成

マグマ底付け付加作用とは、既存の大陸地殻の底に新たにマグマが付け加わることで地殻が増えることです。付け加わるマグマは、海洋地殻と同じく主に玄武岩質マグマだと考えられています。長い年月をかけてマグマが付加していきながら場所ごとに個性のある大陸地殻ができていく様子は、何年も継ぎ足しながら味の深みを増していく秘伝のタレと似ているかもしれません。

２）地帯の形成

地球に見られる２種類の地殻について話してきました。ここからは**地帯**（geological belt）について説明していきます。

地帯とは、形成に関連の深い複数の地質体が露出する地域のことです。複数の地質体というところがポイントです。つまり、地質体（岩石）が１種類しかない場合は形成過程について複数の候補があるけれども、複数の岩石の組み合わせや構造を考えるとそれらの形成過程や変形過程の可能性（筋書き）をより絞り込むことができるわけです。このことを踏まえて、プレートテクトニクスにおける海洋地殻と大陸地殻の特徴を見てみましょう。

海洋地殻は代謝が活発

海洋地殻が新しく作られる場所は、プレートの発散境界に相当します。作られた地殻を含む海洋プレートは、年間数 cm から 10cm 程度の速さで水平方向に移動していき、やがてプレート収束帯に辿り着きます。そして、プレート収束帯で海洋地殻のほとんどはマントルに沈み込んでしまいます（第１章 21 頁）。

その結果、海洋地殻は古いものが地表にほとんど残っていないという特徴があります。海洋地殻の分布は海の分布とほぼ一致しており、現在の地球では地表の約７割を占めています。地球の赤道の長さは約４万 km です。例えば、海洋プレートが年間４cm で移動したとすると、赤道を１周するのにかかる時間は 10 億年です。実際には下の図に示したように、それよりも早い時期に沈み込んでしまいます。現在の地球上で最も古い海洋プレートがある場所は、西太平洋のマリアナ沖と日本の東北沖で、約１億 8000 万年前（180Ma）にできました。地球の海洋域では地殻の新陳代謝が活発なのです。

海洋地殻は古いものが地表にほとんど残っていないのですが、例外は大陸地殻にくっついた付加体で、海洋地殻起源の玄武岩が含まれていることがあります。特に、付加体の中には海洋地殻全体や一部が沈み込まずにのし上がったと考えられる地質体があり、これを**オフィオライト**（ophiolite）と呼びます。

オフィオライトが露出している地域として世界的に有名な場所がオマーンです。プレート収束域において、片方

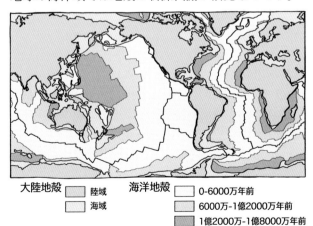

大陸地殻 　陸域　　海洋地殻 　　0-6000万年前
　　　　　 　海域　　　　　　　　6000万-1億2000万年前
　　　　　　　　　　　　　　　　　1億2000万-1億8000万年前

海洋地殻の年代

がもう一方に乗り上げるオブダクション（第1章21頁）を起こしたことで、白亜紀にできた海洋プレートの一部がこの地域の陸上には取り残されています。海洋地殻およびマントルの「化石」が良好な状態で保存されているという理由から、多くのオフィオライトの専門家がオマーンの地質を対象として研究に取り組んでいます。

大陸地殻は居座り続ける

　大陸地殻は、平均密度がマントルや海洋地殻に比べると小さく、そのために地表に残りやすい性質があります。鍋料理などで出てくる灰汁に似ているかもしれません。このように長期間にわたって地表に留まっていると、岩石の中にその間の変化や変形が蓄積されていきます。長年使われてきた机にはそれぞれの時代について傷が残っているのと同じです。

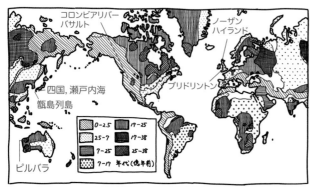

大陸地殻の年代　[2]を元に作成

　左は陸上に露出する地質体を形成年代あるいは変成年代ごとに塗り分けた地図です [2]。これを見ると、大陸地殻には46億年の地球の歴史の中でもかなり古い年代（38億年前）から最近まで、幅広い年代のものが存在していることがわかります。入れ替わりの激しい海洋地殻とは対照的です。

　地殻の形成や変動が起こる場所を、プレート境界と呼びます。言い換えると、地表の歪みが集中している地域のことです（第10章参照）。プレート境界では、時代や地域ごとに異なる多様な地帯ができています。ですから、地域ごとの地帯について岩石の組み合わせや変動の年代を調べることは、地球表面で起こった歪みの歴史を調べていることになります。

3）上部大陸地殻の主な地帯

　大陸の地殻は多様なのですが、その中でも地帯間で共通する部分もあり、ここではそこに注目します。先ほども書いたように下部地殻はよくわかっていないことが多いので、ここでは上部大陸地殻に絞り、それを5つに分類してそれぞれの特徴を紹介します [1、162–182p]。

①太古代に形成されたものが多い火山岩・花崗岩帯

　最初に紹介する地帯は、**火山岩・花崗岩帯**（greenstone granite belt）です。グリーンストーン・花崗岩帯とも呼びます。グリーンストーン・花崗岩帯は、主に火山岩類、火山砕屑岩類、花崗岩類が露出し、それに対して陸源性の砕屑岩の量は少ないことを特徴とします。分布域は一般に幅が数十 km で長さが数百 km 程度です。その多くは、36–25 億年前の**太古代**（Archean）という地質年代に形成されたものです。

　グリーンストーン・花崗岩帯として世界的に有名な場所の1つが、ピルバラと呼ばれるオーストラリアの北西部にあたる地域です（例えば [3]）。次頁上はグリーンストーンの写真です。緑色なのが名前の由来で、玄武岩や**コマチアイト**（komatiite）と呼ばれるマントルの化学組

144
　[2] 平 朝彦・末広 潔・廣井美邦・巽 好幸・小屋口剛博・嶋本利彦、2010年、新装版　地球惑星科学8　地殻の形成。岩波書店、260p。
　[3] 白尾元理・清川昌一、2012年、地球全史　写真が語る46億年の奇跡。岩波書店、190p。

成に近い**超苦鉄質**（ultramafic）な火山岩からなります。上部の赤茶色は土壌の色で、横の黒っぽい部分は風化や表面についた植生の影響です。写真では、中央部に出ているエメラルドグリーンがこの岩石本来の色です。よく見ると丸い形が集まった構造をしており、これらが枕状溶岩としてできたこともわかります。

ワラウーナ（Warrawoona）層群の枕状溶岩
（オーストラリア マーブルバー）

　また、この地帯にはチャートや縞状鉄鉱層が見られることがあります。チャートは日本でも見られることがありますが、そのほとんどが**顕生代**（Phanerozoic：カンブリア紀から現世を指す地質年代）に放散虫という動物性プランクトンや珪藻という植物性プランクトンの殻が降り積もってできたものです。放散虫や珪藻は太古代にはまだ地球上に現れておらず、その時代にできたグリーンストーン・花崗岩帯に見られるチャートは、シリカ（SiO_2）が無機的に沈殿してできたと考えられています。縞状鉄鉱層は、このチャートの部分と鉄化合物が濃集した部分とが互層を作っている岩石です。鉄の原料である鉄鉱石として利用されます。右に示したのは露頭で見られる縞状鉄鉱層の例ですが、ハンマーで叩くとキンキンと音が鳴り響き、まさに金属の感触がありました（昔のことなので、私の記憶違いかもしれませんが）。

縞状鉄鉱層（オーストラリア トム・プライス）

②多くの造山帯で見られるタービダイト・花崗岩帯

　次に、**タービダイト・花崗岩帯**（turbidite and granite belt）と呼ばれる地帯を紹介します。タービダイトとは、混濁流（砕屑物を含んだ乱流状態の流れ）によって運搬され堆積した堆積物のことです。タービダイトに代表される大量の砕屑物と花崗岩を主体とするのが、この地帯の特徴です。その多くは分布域が幅数十km、長さ数百km程度です。また、時代に関係なく多くの造山帯で見られます。

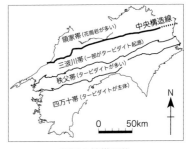
四国の地帯区分

　日本列島も、タービダイト・花崗岩帯の代表的な地域です。「日本列島はタービダイトと花崗岩からできている」と言っても過言ではありません。その中でも四国は教科書的な場所です。四国には活火山がなく、新しい地質年代の火山噴出物による被覆がほとんどありません。その結果、ショートケーキのスポンジの部分がガバッと見えるように上部地殻の本体をなす部分が露出しており、それらを地表で簡単に観察することができるのです。

　次頁上の写真の左側は室戸市の海岸で、主にタービダイトからなる砂岩頁岩互層が露出しています。右側の写真は小豆島の海岸で、花崗岩類が見られます。両地域の間にある**中央構**

造線（Median Tectonic Line：MTL）は、中部地方から紀伊半島を通って四国まで露出している巨大な断層帯です。関東や九州では第四紀以降に堆積した大量の土砂や火山噴出物が覆っていることもあり延長が不明瞭になりますが、その分布や変位量

古第三系室戸層（高知県室戸市）

領家花崗岩類（香川県小豆島）

は西日本では最大規模で、少なくとも四国では最大です。実際には複数の断層帯が集まっており、中央構造線断層系とも呼ばれ、個別に名前がついている断層帯もあります。四国では、この中央構造線を境界にして、南側はタービダイトを主体とする地質体が、北側は花崗岩を中心とする地質体が露出しています。

③大きな水平短縮が起きた堆積岩・基盤岩衝上断層褶曲帯

堆積岩・基盤岩衝上断層褶曲帯（fold and thrust belt）は、主に堆積岩を中心とした地層と変成岩が衝上断層と褶曲によって積み重なっているのが特徴です。名前の通りに、衝上断層（第5章67頁）と褶曲が発達します。これは、大きな水平短縮によってできたとすれば説明できます。ヒマラヤ地域のようなプレート同士が衝突する場所でできることが多く、分布は幅数百km、長さは数千kmに達することがあります。

カンブリア系ーオルドビス系ダーネス（Durness）層群
（スコットランド　ノーザンハイランド）

スコットランドのノーザンハイランド地方は、イギリスの主要島であるグレートブリテン島の最北部にあたり、北緯58度を超えます（北海道の札幌が北緯43度）。北大西洋海流の影響で高緯度の割に気温はそれほど下がらないのですが、それでも植生は少なく地層がよく露出しています。そこには右の写真に見られるような堆積岩・基盤岩衝上断層褶曲帯を形成している地質体が露出しています。現在のスコットランドは最高峰のベン・ネビス山でも標高が1,344mで、比較的なだらかな地形をして

ダーネス層群に見られる逆断層
（スコットランド　ノーザンハイランド）

いるものの、地帯の特徴からかつてはプレート衝突帯であったと考えられています。

　現地に行くと、そのことを物語る大規模な褶曲や衝上断層が発達している様子を見ることができます。前頁下の写真は、ノーザンハイランドのカンブリア系－オルドビス系のダーネス層群（Durness Group）の露頭です。複数の衝上断層によって地層が重なり合うように水平短縮しています。層理面の姿勢と衝上断層の位置がわかるでしょうか。露頭に層理面と衝上断層の位置を描き込んだ写真も示しました。このような大規模に地層が折りたたまれるような変形を示すことから、衝上断層褶曲帯と呼ばれるわけです。

④高温と高圧を経験して上がってきたグラニュライト・片麻岩帯

　グラニュライト・片麻岩帯（granulite and gneiss belt）は、名前の通りグラニュライト（granulite）と片麻岩（gneiss）という岩石を主体とする地帯です。グラニュライトは変成岩の一種で、主に長石、石英、ざくろ石（garnet、ガーネット）などの鉱物からなり、細粒等粒状であることが特徴です。片麻岩も変成岩の一種です。英語ではナイス（gneiss）と言い、nice（素敵）と同じ発音です。アメリカ地質学会（Geological Society of America：GSA）の学術会議に参加したときに、「Have a gneiss day!」と胸にプリントされたTシャツを売っているのを見かけました。そんな片麻岩は、片麻状組織（gneiss fabric）と呼ぶ特徴的な粗粒の縞状構造が見られる高変成度の変成岩の総称です。

　グラニュライト・片麻岩帯には、流動的な変形によってできた褶曲がよく見られます。岩石の形成条件と合わせて考えると、この地帯は温度と圧力がかなり高い、つまり地下深部で変成や変形が起こったと推測されます。そこで、グラニュライト・片麻岩帯は、あるときに大陸下部地殻を作っていた地質体が変動によって地表に出てきたものだと解釈されています。

　堆積岩・基盤岩衝上断層褶曲帯のところで紹介したスコットランドのノーザンハイランドにはグラニュライト・片麻岩帯も露出しています。右の写真はグレートブリテン島の北西に位置するルイス島で撮影したものです。この露頭を見ながら、先ほど紹介した片麻岩Tシャツをここで着たかったと後悔しました。「あの時にゲットしておけ

ルイス片麻岩（スコットランド ハリス島）

ば良かった」というのは、調査先での試料やデータの採取においてもよく思います。この機会は二度とないのだ、という気持ちをいつも忘れないようにしなくてはいけません。なお、この島は南部ではハリス島と呼ばれます。1つの島なのに北と南とで呼び方が違うわけです。

⑤世界中に分布している被覆岩層帯

　被覆岩層帯（covered rock belt）は、地表付近で他の地帯の岩石を広範囲に覆う被覆岩（covered rock）が露出している地域です。これまで紹介してきた他の4つの地帯は大陸地殻本体で、次頁の写真で示したショートケーキで例えると、スポンジやクリーム層などの本体の部分にあたります。これに対して、大陸地殻の表層部を作る被覆岩層帯は、本体を覆う

クリームにあたります。

被覆岩層帯は薄いため、その量（体積）は他の４つの地帯に比べると多くはありませんが、表層部のいろいろな場所でできることから世界中で露出しています。被覆岩層の大半は砕屑性のものですが、一部は火山性です。被覆する地質体の種類や被覆の仕組みによって分類ができ、以下に代表的なものを紹介していきます。

ショートケーキの本体と被覆層

前縁堆積盆あるいは前弧海盆の地層

被覆岩層帯ができやすい場所の１つはプレート収束帯です。プレート収束帯では弧状の火山列ができることがあり、これを**弧**（arc）あるいは**火山弧**（volcanic arc）と呼びます。火山弧はプレート収束による水平短縮（およびそれに伴う鉛直伸長）や火成活動による地殻の形成と隆起によってしばしば陸化します。陸地ができた火山弧では、風化や侵食によって大量の砕屑物ができ、周辺の海域に運び出されて堆積します。

堆積は海域の局所的な低地で起こり、そういった場所を**堆積盆**（basin）と呼びます。このとき火山列を境界線として、それよりも海側（下盤プレート側）にできる堆積盆を**前弧海盆**（forearc basin）、陸側（上盤プレート側）にできる堆積盆を**背弧海盆**（back-arc basin）とそれぞれ呼びます。日本列島周辺で見ると、太平洋の陸側斜面の堆積盆は前弧海盆で、日本海やオホーツク海や東シナ海などの堆積盆は背弧海盆です。それでは、瀬戸内海はどちらでしょうか？　近畿、中国、四国地方は火山列が明瞭でないのですが、島根県の大山火山帯の三瓶山と山口県の阿武火山群が活火山とされています。そこで、ここでの定義にもとづいて考えると、瀬戸内海は前弧海盆ということになります。

前弧海盆の堆積層は、堆積後に広域にわたって地表に露出して被覆岩層帯を作ることがあります。第７章で地形の特徴を紹介した宮崎県の青島海岸に露出している「鬼の洗濯板」を作っているのは、宮崎層群と呼ぶ砂岩と頁岩の互層からなる地層です。この地層は、堆積岩の種類、堆積構造の組み合わせ、分布、他の地質体との構造、産出する化石、などから、中新世から鮮新世にかけて前弧海盆で堆積したと考えられています。

新第三系宮崎層群（宮崎県青島海岸）

前弧海盆域はプレート収束帯にできるため堆積後に地殻変動で隆起することが多く、そうすると陸上の広範囲に被覆岩層帯として露出するわけです。

リフト帯を埋め立てる地層

被覆岩層帯ができる仕組みの２番目として、**リフト帯**（rift zone）を埋め立てる地層を取り上げます。

前弧海盆がプレート収束境界でできたのに対して、リフト帯はプレートが発散する境界で

作られます。大陸地殻内でプレートの発散が始まると、まず地殻が水平に引き伸ばされていきます。これを**リフティング**（rifting）と呼びます。リフティングが起こった場所は周りよりも地殻が薄くなります。お餅を横に引き伸ばすと、伸びた部分が薄くあるいは細くなっていくのと似たような変形です。

　薄くなった部分は周りよりも標高が低いリフト帯を作ります。リフト帯に水が入ってきて河川域や海域になると、周囲の陸地から砕屑物が運び込まれて堆積盆を作ります。その後に、相対的な隆起によって堆積盆を埋め立てた被覆層が露出すると、被覆岩層帯となるわけです。なお、リフティングが進んでいくと、引っ張ったお餅がちぎれるように大陸地殻もちぎれます。すると、その場所で海洋地殻が作られるようになり、新しく海洋プレートの形成、すなわち海洋底拡大が始まります（第1章20頁）。

　また、リフト帯の中には、途中で水平伸長が止まり、海洋底拡大にまで発展しないものもあります。そういった場所では水平伸長と沈降によって局所的に深い堆積盆が残ります。これを**オーラコジェン**（aulacogen）と呼びます。

　リフト帯は一般に120°の角度で3方向にでき始めます。畑や田んぼのひび割れ、あるいは柱状節理の形を思い出してください（第4章54頁）。ひび割れが広がっていくと、場所が限られているために3つの広がりのうち1つあるいは2つは途中で伸長や拡大が止まってしまいます。この、途中で伸長が放棄された地域はオーラコジェンになりやすいのです。

　リフト帯の例として、九州西部にある鹿児島県の甑島列島の新生代の堆積岩層を紹介します。日本列島とアジア大陸東縁部の間には、日本海や東シナ海といった海盆があります。これらは、日本列島という火山弧の背弧に位置しているという点から背弧海盆と言うことができます。それと同時に、大陸地殻が水平伸長を起こしてできた低地でもあります。日本海はかなりの部分で海洋地殻ができていますが、西部ではリフト帯、つまり大陸地殻が水平に引き伸ばされてできた低まりが広がっています。また、東シナ海の大部分は、過去のリフト帯で、一部は現在もリフティングが続いています。甑島列島はそんな場所に位置している、いわば、リフティングが記録された列島です。

　右の写真は上甑島の海岸露頭で、露出しているのは**始新世**（Eocene）に主に**蛇行河川**（meandering river）や**網状河川**（braided river）の周辺で堆積したとされる上甑島層群です。甑島列島だけでなく、九州の北西部には過去の東アジアの

古第三系上甑島層群（鹿児島県上甑島）

リフト帯でできたと考えられる被覆岩層帯が広域に露出しています。甑島列島は、その被覆岩層の地層を海岸で連続的に観察できます。

　前弧海盆も同様ですが、被覆岩層帯は比較的変形の少ない地層が広い範囲に分布するのが特徴です。高知県などに露出する四万十付加体は鉛直近くに傾いた層理面やブーディンや褶曲といった大きな変形が特徴ですが、それとは対照的です。

海進によって大陸を広く覆った地層

　被覆岩層帯の3つ目として、海進時に大陸地殻を広く覆った地層を紹介します。過去100

万年程度の地球の気候変動を考えたときに、現在は間氷期にあたります。海水準は高く、海岸近くの浅い海では陸からの砕屑物が堆積しています。これが氷期になると、多くの水が大陸氷河として陸上にとどまって海水準が下がります。そうすると、高海水準の間に浅い海で堆積した地層が陸上に出てきます。

　地球の歴史を見ると、**白亜紀**（145–65Ma）や**古第三紀**（65–23Ma）の**始新世**（56–34Ma）は今よりももっと海水準が高かったとされます。そう考えられるのは、当時の地層が被覆岩層帯として陸上に広く分布しているからです。現在の陸域のかなりの範囲が海に浸かっていました。また、こういった浅海性の地層はわずかな隆起によって陸上に露出します。例えば右の写真のような海沿いで数 m の海面上昇が起これば、海が一気に入ってきて広範囲で堆積層が形成されるでしょう。

標高が低く平坦な海辺（米国 カリフォルニア州 サンシメオン）

　海進によって大陸を広く覆った地層の例として、イングランドの上部白亜系チョーク層があります [4]。白亜紀は今よりも温暖な時代で、海水準は現在に比べて 100–250m も高かったと推定されています。現在の低地部には海が侵入してきて世界中で浅い海が広がり、広範囲の被覆岩層が堆積したと考えられています。白亜紀のチョーク層といえばイギリスのサセックス州にあるセブン・シスターズやドーヴァー海峡のホワイト・クリフが有名ですが、ドーヴァー海峡から北北西に約350km離れたフランボロでも、下の写真に示したようなフランボロチョーク層の見事な地層が露出しています。フランボロには、マンチェスターから列車で約3時間半かけて北海に面したブリドリントンに行き、そこからバスまたは徒歩でたどり着きます。なお、ブリドリントンは小さな街ですが、海岸沿いにパブやフィッシュ＆チップス店が並び、週末や休日は観光客で賑わいます。

上部白亜系フロンボロチョーク層（イングランド フランボロ）
撮影：佐藤智之氏

火山噴出物による地層

　地帯の紹介も終盤になってきました。被覆岩層帯の4つ目は、火山噴出物による地層です。火山噴火による噴出物は広範囲をまさに被覆します。噴火が巨大な場合、範囲だけでなく噴出量も莫大でかなりの厚さになり、被覆岩層帯と言える規模の地帯を作ります。

　巨大な火山噴出物の例として、アメリカ合衆国のコロンビアリバーバサルトを紹介します。

[4] 藤内智士・佐藤智之・山口直文、2019年、イングランド北東部フランボロヘッドの上部白亜系チョーク層の断崖。地質学雑誌口絵、125、5、I–II。

バサルト（basalt、実際の発音は"バソールト"に近い）とは玄武岩のことです。右の写真の手前から奥まで水平な地層が続いています。これは全て火山の噴火によって陸地を覆った玄武岩層です。右下の写真は、玄武岩層（のごく一部）を近くから撮影したものです。写っている人と車からその規模の大きさがわかります。

コロンビアリバーバサルトはアメリカ北西部を流れるコロンビア川周辺の広範囲に露出している主に玄武岩溶岩からなる地層です。噴出が起こったのは今から1700–1500万年前（17–15Ma）ごろと推定されており、その露出面積は約21万km²です。これは日本の本州とほぼ同じ大きさです。範囲だけでも大きな活動であったことがわかりますが、層厚はなんと平均で830mあります。日本の本州全体が800m以上も覆われる噴火なんて、想像を絶する規模です。

中新統コロンビアリバーバサルト層群（米国 ワシントン州）

地球史で考えると、このような巨大な火山活動を示す痕跡が世界各地から報告されています（例えば[5]）。これらの噴出物も大規模な被覆岩層帯を作ることになります。

4）地帯ができた時代を知ることで地球のドラマに近づく

さて、代表的な地帯について、それを作ったテクトニクスや環境と合わせて紹介してきました。そこで、地帯ができた時代を化石や放射年代で推定できれば、地球史のどの時代に、どのような地殻変動が起こったのかを考えることができるようになります。

地殻変動を大きく分けると、プレートの収束および衝突と新たな大陸分裂があります。また、被覆岩層帯は、過去の海水準変動、古気候、大規模な火成活動の様子を知る手がかりになります。さらに古地磁気方位の情報が加わると、これらのイベントが起こった場所も推定できて、地球表層の歴史をダイナミックに描けるようになります（第1章22頁）。

プレートの沈み込みと衝突で白い岩石ができる

大陸地殻の地帯から言えることは、地殻変動における最大のイベントはプレートの収束（衝突）と大陸分裂の2つだということです。

誤解を恐れずにものすごく大雑把に言うと、プレートの収束や衝突が起こる場所では花崗岩類が大量にできます。花崗岩類など酸性岩と呼ばれる岩石はガラスの成分であるSiO_2の割合が66％以上あることが目安とされており、見た目には白っぽい岩石です。ですので、白っぽい岩石が大量にできた時代は地球の表層でプレートの収束や衝突が大量に起こっていた、と推測できます。

[5] Coffin, M. F. and Eldholm, O., 1994, Large igneous provinces: Crustal structure, dimensions, and external consequences. Reviews of Geophysics, 32, 1–36.

右の写真は、山梨県と長野県の県境に位置する甲斐駒ヶ岳を北岳から撮影したものです。甲斐駒ヶ岳は花崗岩類からなる白くて美しい姿をしています。この花崗岩類は約1400万年前の放射年代を示し、当時、伊豆–小笠原島弧が西南日本弧および東北日本弧に衝突したことに関係してできたと考えられています。

甲斐駒ヶ岳（山梨県北杜市）

大陸プレートの伸長と海洋プレートの形成で黒い岩石ができる

　プレートの収束域に対して、大陸の分裂や新しい海洋底拡大では玄武岩質の岩石が大量にできます。玄武岩質岩など塩基性岩と呼ぶ岩石は SiO_2 が52%以下で、風化や変質をしていない場合には黒っぽく見えます。ですので、黒っぽい岩石が大量にできた時代は大陸分裂や新しい海洋底拡大が活発に起こっていたと推測できます。

　第8章110頁で、白い片麻岩からなる母岩に黒い岩脈群と白い岩脈群の貫入が見られる写真を紹介しました。これらの岩脈群はそれぞれ当時の大陸分裂と大陸衝突に関連してできたものだ、と推定されています。さらに、母岩の片麻岩類は28–31億年前にできた大陸下部地殻だと考えられています。つまり、この露頭1つで10億年を超える期間に起こったプレートテクトニクスの複数のイベントを見ていることになるわけです。

5）1つ1つの事実を集めると推測が推測でなくなるわけ

　この章では、固体地球の表層部である海洋地殻と大陸地殻の地質からはじまり、大陸地殻の上部についてはさらに5つの地帯に分類して紹介しました。それぞれの地帯には、岩石や変形構造の組み合わせに特徴があります。砂岩や玄武岩といった個々の岩石あるいは正断層や褶曲といった変形構造ごとにできた過程があって、それらをある程度は推測できます。

　まずは一つ一つの事実をしっかりと押さえていくことが何よりも大事です。その上でさらに発展して、異なる複数の岩石や岩石が記録している変形の組み合わせ、さらにはそれらの位置関係すなわち構造ができた過程を考えることで、大陸地殻の成り立ちや地殻変動の歴史が見えてくるのです。

　登場人物一人ひとりがしっかりと描かれている大河ドラマは深みがあります。各エピソードが面白くて、最後にそれらが見事に伏線回収されていく長編アニメーションは感動します。目の前の地質体の記載から始めて、地質体同士の関係を明らかにしていき、最終的に地殻全体のでき方を考えていく構造地質学にも、似たような楽しさがあると私は感じています。

あとがき

　地質体の構造や変形については、わからないことがまだたくさんあります。「構造地質学って面白いかも」と思った読者は、この本の中で紹介した専門書もぜひ読んでみてください。また、英語で書かれた構造地質学の良い教科書もたくさんあります。その中でも Twiss, R. J. and Moores, E. M. 著の「Structural Geology」[1] と Suppe, J. 著の「Principles of Structural Geology」[2] の 2 冊は、わかりやすい図や写真が多く入っていて、基礎的なことからかなり専門的なことまでしっかりと書かれていてオススメです。後者の Suppe 氏の教科書は絶版になっていますが、図書館や電子ファイルで読むことができます。

　専門分野を深く学ぶ上で良質な日本語の教科書があると良いのですが、それは限られていることも少なくありません。幸い、構造地質学では優れた日本語の教科書がいくつも出版されています（例えば [3]、[4]、[5]）。しかしそれらだけで十分とは言えず、どうしても、他の言語、現代では特に英語で書かれた教科書を読む必要があります。それは海外の学生や研究者と共通の知識を持つことにも繋がります。こういった事情が、大学で英語を学ぶ理由なのだと私は考えています。

　構造地質学の話題を中心に、興味があることを書きました。この本を執筆できたのは、これまで研究活動を続けてこられたからであり、その中で多くの方々のお世話になってきました。中でも特に、学生および研究員のときにご指導いただいた芦寿一郎先生、清川昌一先生、徳山英一教授、板谷徹丸教授、山路 敦教授、伊藤順一博士、大坪 誠博士に感謝いたします。スコットランドでの調査や巡検では、Stephen A. Bowden 博士にお世話になりました。研究室の学生たちとの日頃の議論からは、多くの話題やアイデアが生まれ、それらはこの本にも登場しています。南の風社の細迫節夫氏の協力と励まし、それから、この素敵な名前の出版社を紹介してくださった岡村眞名誉教授のおかげで、この本は形になりました。

　随分前に、「岩石より、なすびの研究の方がわかりやすいよ」と文学部卒の姉に指摘されたことから、どうすれば自分の研究が相手に伝わるかを考えるようになりました。この本を読んで、わかりやすいと感じていただける部分が少しでもあれば、あの一言のおかげです。最後に、いつも支えてくれている両親と義父母、そして叱咤激励してくれる妻と子どもたちに感謝します。

[1] Twiss, R. J. and Moores, E. M., 2007, Structural Geology Second Edition, W. H. Freeman and Company, 736p.
[2] Suppe, J., 1985, Principles of Structural Geology. Prentice-Hall, Inc., 537p.
[3] 天野一男・狩野謙一、2009 年、フィールドジオロジー 6　構造地質学。共立出版、177p。
[4] 狩野謙一・村田明広、1998 年、構造地質学。朝倉書店、298p。
[5] 山路 敦、2000 年、理論テクトニクス入門　—構造地質学からのアプローチ—。朝倉書店、287p。

変動が作る岩石たちの関係

【著者略歴】

藤内智士（とうない・さとし）

1980年　大分県に生まれる

2009年　東京大学大学院理学系研究科博士課程修了
　　　　（地球惑星科学専攻）

現　　在　高知大学理工学部地球環境防災学科 講師

【正誤表】

変動が作る岩石たちの関係

発行日：2023年7月12日
著　者：藤内 智士
発行所：(株)南の風社
　　　　〒780-8040　　高知市神田東赤坂2607-72
　　　　Tel 088-834-1488　　Fax 088-834-5783
　　　　E-mail edit@minaminokaze.co.jp
　　　　https://www.minaminokaze.co.jp